내 강아지
행복한 노견 생활

전국펫시터 협회 · 펫시터 SOS 감수

강현정 옮김   하니 동물병원 번역 감수

해든아침

공원에 나가보면 주인과 함께 산책을 나온 게 좋아서 어쩔 줄 몰라 하는 개를 흔히 볼 수 있다. 다들 기운이 왕성해 보이지만 실제로 일본에서 키우고 있는 개의 절반 가까이가 7세 이상의 노견이라고 한다(2009년 펫푸드협회 조사).

가족의 애정을 듬뿍 받고 장수하는 개가 많다는 것은 기쁜 일이다. 그런데 나이를 먹으면 사람과 마찬가지로 개에게도 노화 증상이 나타난다. 노화 증상 중 행동이 느려지고 말라가고 흰털이 증가하고 눈이 뿌옇고 탁해지는 등 눈에 띄는 변화들은 빨리 눈치챌 수 있지만 취각이나 청각의 기능이 떨어져서 심하게 스트레스를 받거나, 면역력이나 대사저하 등으로 질병에 걸리기 쉬운 상태는 좀처럼 발견하기가 어렵다.

뭔가 눈치챘을 때에는 이미 허리와 다리가 약해져 있어 곧 누워 지내게 되거나, 치매가 시작되어 밤에 울거나 배회하는 등 얼마 지나지 않아 노견을 간호하는 일상이 시작되는 케이스도 적지 않다.

노견의 간호에는 엄청난 에너지가 필요한 만큼 주인의 생활도 많은 영향을 받게 된다. 이로 인해 주인이 지치고 스트레스를 받는다면 개도 불안을 느끼게 된다. 따라서 밝고 너그러운 마음으로 대하는 것이 반려견에게는 최고의 선물이며 그것은 곧 행복한 노후생활로 이어질 것이다.

이 책에서는 노견을 대하는 방법, 돌보는 방법, 간호 방법, 건강하게 오래 살게 하기 위한 방법 등을 소개하고 있다. 적절한 정보를 습득하여 개도 주인도 평온한 '노견 생활'을 보내도록 하자.

'노견 간호'에도 전문적인 펫시터

주인을 대신하여 개를 산책시키거나 식사나 화장실 등을 케어하는 사람을 펫시터라고 한다. 미국에서는 베이비시터만큼이나 펫시터가 흔히 이용되고 있으며 일본에서는 1990년대부터 일반화되기 시작해 최근에는 반려동물들의 급격한 고령화와 더불어 널리 알려지게 되었다. 우리나라에도 대학 학과가 있으며 일반화되는 추세이다.

펫시터는 새끼에서 성견, 노견에 이르기까지 개의 일생 전반에 걸쳐 관여하는 전문가라고 할 수 있다. 수많은 견종과 다양한 성격의 개들을 항상 접하는 이들은 어떻게 하면 반려견이 건강을 유지하고 쾌적하게 지낼 수 있을지를 고민하며

주인과 상담한다.

개의 일생에 관한 전반적인 지식을 가진 펫시터는 고령이 된 개가 어떤 모습
이 되고 행동이 어떻게 변화하는지, 어떻게 케어하면 노견의 스트레스를 완화시
킬 수 있는지에 대해서 자세히 알고 있는 만큼 '노견 생활' 전반을 살피고 조언
해줄 수 있는 존재라고 할 수 있다.

이 책에는 그런 펫시터들의 풍부한 경험을 바탕으로 한 간호의 지혜가 가득
담겨 있다.

현장에서 접하는 노견에 대한 세심한 배려와 새로운 정보를 알아보자.

베테랑 펫시터들이 말하는 노견 케어의 포인트

개의 고령화로 보살필 기회가 늘어

• 펫시터 여러분은 매일 강아지들을 돌보고 계신데, 노견 케어의 의뢰가 증가하고 있나요?

츠루오카 1990년 무렵에는 개의 수명을 8년으로 봤어요. 그런데 지금은 12~15년으로 늘어나서 8세 이상의 노견을 돌볼 기회도 많아졌죠.

오우에 제 경우에는 거의 대부분이 막바지에 달한 상태에서 간호를 의뢰하세요. 주인이 열심히 간호하다 지쳐서 도움이 필요하다는 거죠. 데리고 나가 산책을 하는 등 몇 번 돌보는 사이에 사망하는 경우가 많고 1년 이상 케어하는 경우는 드물어요.

• 어떻게 돌보시나요?

나카하라 제가 지금 담당하고 있는 강아지는 눈이 보이지 않고 귀도 멀었는데 매일 산책을 나가며 주1회 병원에 통원하고 있어요.

요시다 제가 겪은 가장 인상 깊었던 케이스는 수명이 얼마 남지 않았다고 선고받은 강아지 옆에 있어달라는 의뢰였어요. 주인이 항상 보살피기는 하

츠루오카 마코토

펫시터 SOS 치바 남부점 대표. 활동지역: 기사라즈 시, 치바 시 일부 이치하라 시, 소데가우라 시, 가미츠 시, 훗츠 시(1997년 개업). 인정펫시터 자격, 애완동물사육관리사 1급, CPDT 인정 트레이너.

요시다 치에코

펫시터 SOS 아사쿠사점 대표. 활동지역: 다이토 구, 구라마에바시도오리 북측(2007년 개업). 인정펫시터 자격.

오우에 사토루

펫시터 SOS 마치다 신유리가오카점 대표. 활동지역: 가와사키 시(아사오구), 요코하마 시(아오바 구, 츠즈키 구 일부), 마치다 시(일부)(1999년 개업). 인정펫시터 자격.

나카하라 게이코

펫시터 SOS 신주쿠 요츠야점 대표. 활동지역: 신주쿠 요츠야 주변(1999년 개업). 인정펫시터자격.

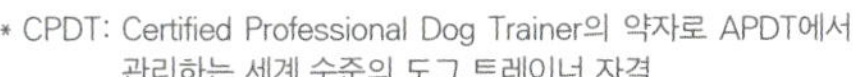

* CPDT: Certified Professional Dog Trainer의 약자로 APDT에서 관리하는 세계 수준의 도그 트레이너 자격

지만 장을 보러 간다든지 볼일을 보러 외출했을 때 혹시라도 반려견 혼자 떠나보내고 싶지 않다는 이유에서였죠. 거의 반년 정도 했던 것 같아요.

츠루오카　주인 본인도 고령이라 대형견을 차에 태워 병원에 데려갈 수 없거나 산책을 시킬 수 없거나 움직이지 못하고 누워 지내는 개의 자세를 바꿔달라는 의뢰가 자주 있어요. 대형견의 간호로 힘들어하는 주인이 많지 않을까요?

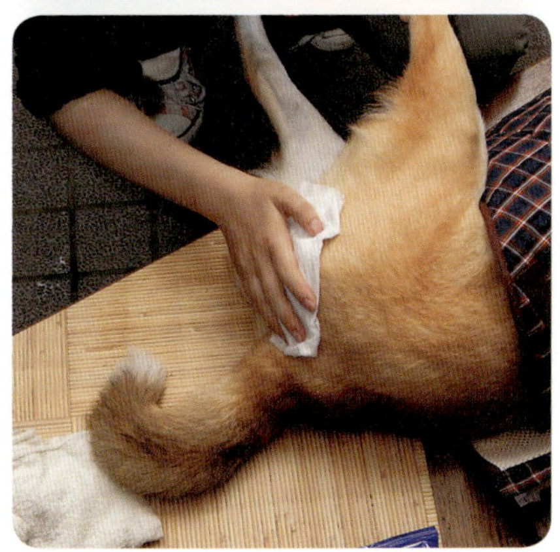

걷지 못하더라도 데리고 나가라

•노화의 진행을 늦추기 위해서는 어떻게 해야 할까요?

오우에 고령이라고 운동을 꺼리는 주인이 있는데 수의사의 지시를 따르면서 산책은 거르지 않는 게 좋아요. 예를 들어 걷지 못한다고 해도 밖에 데리고 나가 자극을 주는 것이 중요해요. 집안에 틀어박혀 한곳에만 누워 지내다 보면 심신이 빨리 약해지거든요. 며칠 남지 않았다는 선고를 받은 강아지를 돌봤을 때였어요. 안고 밖으로 나가 땅에 내려놓고 배설만 시켰을 뿐인데 그게 좋은 영향을 미쳤는지 완전히 기력을 회복해서 2개월이나 더 건강하게 살았죠.

나카하라 카트에 실려 공원으로 산책을 가는 수컷 래브라도가 있었는데 암컷이 다가오자 눈을 반짝이며 상체를 일으켜 냄새를 맡으려는 모습을 보고 다른 개와의 접촉이 좋은 자극이 되는 것 같다고 느꼈어요.

요시다 개가 나이 먹었다는 것을 인정하지 못하고 젊을 때와 똑같이 밥을 주면 살이 찌게 돼요. 비만해지면

면역력이 떨어져 질병에 걸리기 쉽고 노화도 한층 빨리 오기 때문에 저칼로리의 시니어 사료로 바꾸고 수의사의 지시를 따르며 끈기 있게 천천히 체중절감을 진행하는 게 좋아요.

츠루오카 반려견의 변화를 빨리 발견하는 것도 중요해요. 다리가 약해졌는데 무리하게 운동시켜 관절을 다치게 한다거나 시력이 떨어졌는데 산책 중에 U자 도랑에 빠지는 일이 있거든요.

실내에서는 미끄러지기 쉬운 마룻바닥에는 타일카펫이나 코르크매트를 깔아주는 게 좋겠죠.

밖에서 키우는 경우에는 스킨십이 적은 편이라 종양의 발견이 늦어지기도 해요. 특히 장모종의 경우에는 뒷다리 사이의 접히는 부분, 항문 주변 등에 털이 밀집되어 있기 때문에 이상을 발견하기가 어려우니 가능한 실내로 옮겨줄 것을 권해요.

개의 노화 대책은 새끼 때부터

• 어떤 것에 신경 쓰면서 반려견을 대하면 좋을까요?

나카하라 새끼 때부터 훈련을 시키거나 치석이 끼지 않도록 관리하거나 살찌지 않게 하는 등 '개를 개답게 다루는' 것이 결과적으로 건강한 노견 생활을 할 수 있게 하는 것 같아요. 귀엽다고 뭐든 다 해주다 보면 막무가내인 성격이 돼서 말을 안 듣게 되는데 그러면 노견이 되어서도 식사관리를 제대로 할 수 없거나 병에 걸렸을 때 적절한 치료가 불가능해서 곤란할 수도 있거든요.

오우에 어릴 때부터 몸을 만져주거나 입안에 손을 넣어도 싫어하지 않게 습관을 들이면 병에 걸렸을 때 진찰받기도 쉽고 주인도 쉽게 약을 먹일 수 있어요. 그런 습관을 갖지 않은 상태로 노견이 되면 케어하는 데 고생하는 경우가 많습니다.

요시다 개는 관찰력이 좋아서 이쪽의 상태를 민감하게 감지해요. 그래서 항상 밝은 톤으로 말해야 해요. 뜻대로 움직일 수 없어 불쌍하다는 마음으로 대하면 개에게도 전달되어 기운을 잃는 것 같아요.

츠루오카　건강했을 때 많이 놀아준 개들은 주인의 말투, 걸음걸이, 몸의 움직임을 오감으로 기억해요. 주인이 그때와 똑같이 대하면 개는 아주 기뻐할 거예요. 노견이 되었으니 조금은 느린 동작으로 놀아주면 몸과 마음의 균형이 건강하게 유지될 수 있지 않을까요?

건강관리나 훈련, 많이 놀아주는 것 등 반려견의 노화대책은 어릴 때부터 시작해야 합니다.

1장 노견의 몸과 마음을 이해하자 17

2장 노견이 지내기 좋은 환경 만들기 29

Contents

3장 일상의 건강 체크와 바디케어 41

4장 건강하게 오래 사는 비결은 식사와 운동 57

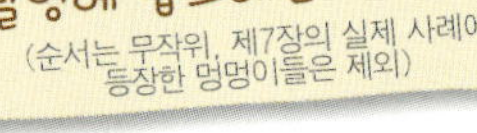

비스코
(비글 4세)

쿠키
(비글 11세)

코지로
(닥스훈트 1세)

로빈
(골든 리트리버 8세)

라라
(토이푸들 2세)

링링
(토이푸들 7개월)

토토
(토이푸들 10세)

비스케
(믹스 9세)

하나코
(시바이누 8세)

나나코
(믹스 4세)

발리
(스탠다드푸들 2세)

아즈키
(롱코트 치와와 1세)

슈가
(롱코트 치와와 3세)

하루
(시바이누 4세)

샌디고
(와이어폭스테리어 9세)

마리
(시바이누 16세)

안즈
(비글 14세)

캐피
(코기 14세)

루시
(골든 리트리버 13세)

몽
(폴리 7세)

1장

노견의 몸과 마음을 이해하자

개는 사람보다 몇 배나 빠른 속도로 나이를 먹는다. 노화가 어떤 식으로 나타나는지 심신의 양면, 그리고 행동적인 측면에 대해서도 알아보자.

사람의 4~7배의
속도로 나이를 먹는다

개의 평균수명은 소·중형견이 15세, 대형견이 10세인데, 최근 10년 사이에 약 3년이나 수명이 길어진 배경에는 영양학적으로 균형 잡힌 사료, 수의학의 발달과 백신·예방약의 보급, 사육환경의 개선 등의 요인이 있다. 건강하게 오래 살기를 바라는 주인들의 애정이 반려견의 장수화를 낳은 것이다.

개의 노화 속도는 견종이나 개체마다 다르지만 일반적으로 소·중형견은 성장이 빠르고 노화가 느리며, 대형견은 성장이 느린 반면 노화에 빨리 돌입한다. 이것을 사람의 연령으로 바꾸어 생각하면 생후 1년은 중소형견의 경우 17세, 대형견의 경우 12세가 된다. 또 생후 2년은 중소형견은 23세, 대형견은 19세. 그 후부터는 사람으로 환산하면 중소형견은 1년에 약 4살씩, 대형견은 6~8살씩

이렇게나 다른 개와 사람의 성장 속도!

나이를 먹는데, 사람의 4~7배의 속도로 나이 든다는 것을 알 수 있다.

또 사람은 성성숙기 이후(사춘기 무렵부터) 서서히 노화가 진행된다고 하는데 이것을 개에게 적용했을 때 아직 젊은 시기부터 노화가 시작된다고 생각할 수 있지만 확실한 노화의 신호는 중소형견은 9~10세, 대형견은 7~8세로, 사람으로 치면 50대 이후부터 나타난다.

노화를 막을 수는 없지만 진행을 늦출 수는 있다. 노화의 조짐을 빨리 감지하고 적절한 케어를 강구하는 것이 중요하다. 그러기 위해서 반려견의 상태를 잘 살피고 현상을 바르게 파악해야 한다.

ㄱ 생후 11개월
(사람의 약 15세)

ㄱ 개와 사람의 연령환산표

중소형견	대형견	사람
	1세	12세
1세		17세
	2세	19세
1세 반		20세
2세		23세
	3세	26세
3세		28세
4세		32세
	4세	33세
5세		36세
6세	5세	40세
7세		44세
8세	6세	48세
9세		52세
	7세	54세
10세		56세
11세	8세	60세
12세		64세
13세	9세	68세
14세		72세
15세	10세	76세
16세		80세
	11세	81세
17세		84세
	12세	86세
18세		88세
19세	13세	92세
20세		96세

* 이 표는 어디까지나 기준일 뿐이다

(참조: 수의사 홍보판 http://www.vets.ne.jp/)

'건강수명'을
연장시키는 생활

노화가 닥쳐도 건강하게 살기 위한 기본조건은 젊을 때부터 건강한 생활방식을 유지하는 것이다. 그리고 질병을 예방하고 신체기능을 건전하게 유지하여 개답게 살 수 있는 기간(건강수명)을 연장시키는 것이 중요하다.

균형 잡힌 식사, 적당한 운동, 심신에 부담을 주지 않는 생활환경 등 오래 살기 위한 처방책은 개나 사람이나 다를 바가 없다. 개가 가장 안심하고 기쁨을 느끼는 것은 주인의 곁에서 즐거운 시간을 보낼 때이다. 기쁘다는 감정이 고양되면 뇌에 바람직한 자극을 주어 치매를 예방하는 데에도 도움이 된다.

개는 매우 감수성이 예민한 동물이다. 생존조건 전반을 사람에게 의존하고 있기 때문에 주인이 즐겁게 웃어주면 반려견의 마음은 고무되지만, 슬픈 표정을 보이면 주눅이 들어 행동도 어색해진다. 또 '노견이니까 너무 간섭하지 말자'라는 생각에 말을 걸거나 함께 노는 일을 삼가게 된다면 반려견에게서 기쁨이나 즐거움을 빼앗는 셈이다.

그중에서도 산책은 개가 몇 살이든 걸러서는 안 되는 중요한 일과이다. 새끼 때와 마찬가지로 환한 얼굴로 노인이 된 반려견을 밖으로 데리고 나가자. 그렇게 하면 반려견의 심신이 충족되어 건강수명이 연장되면서 장수로 이어질 것이다.

몇 살이든 산책은
즐거워!
주인님 곁에 있는 것이
가장 기쁘답니다.

노화 신호를
놓치지 말자

견종이나 개체에 따라 노화가 진행되는 속도나 몸에 나타나는 증상은 다양하다. 또 갑자기 노견이 되는 것도 아니다. 하지만 노화는 천천히, 그러나 확실하게 진행되며, 노화의 조짐은 반드시 드러나게 마련이다.

나이가 들면 흰 털이 증가한다, 허리가 늘어진다, 이빨이 흔들린다, 구취가 심해진다, 표정이 부드러워진다, 눈이 탁해진다 등 몇 가지 노화 신호가 있다.

몸뿐만 아니라 행동에도 변화가 나타난다. 걷는 속도가 느려진다, 단차 앞에서 멈춰 선다, 이름을 불러도 반응이 느리다, 새로운 장난감에 흥미를 보이지 않는다 등 활동적이던 개가 차분해지는 증상들이 대표적인 예이다.

노화는 몸속에서도 진행된다. 대사가 약해지고 내장 기능이 저하되며 소화불량이거나, 심질환 또는 신장질환을 앓게 된다. 호르몬 분비가 변화하여 갑상선 기능저하나 탈모, 근육의 위축을 일으키기도 한다.

이렇게 체내의 노화현상이 초래하는 질병을 조기발견하기 위해서라도 정기적인 건강검진을 걸러서는 안 될 것이다. 고령이 되면 백신접종이나 광견병 예방주사를 하지 않는 경향이 있는데 면역력이 저하되어 있는 노견은 바이러스에 감염될 위험이 높기 때문에 반드시 지속적으로 맞혀야 한다.

고령이 될수록 다양한 질병이 발병하지만 일찌감치 진단을 받으면 치료가 가능한 질병이나 진행을 늦출 수 있는 증상도 있으므로 이상하게 느껴진다면 곧장 병원에 가서 진찰을 받도록 하자.

눈이 탁해진다
백내장뿐만 아니라 노화로
탁해지기도 한다

구취가 심해진다
치주염이 원인인 경우가
많다.

이빨이 흔들린다
치주염이나 이빨의
노화가 의심된다.

표정이 부드러워지는 느낌이 든다.
근육이 느슨해져서 표정이 이완된다.

흰 털이 늘어난다
사람과 마찬가지로
체모가 하얘진다.

엉덩이가 작아진다.
근육이 손실되어 뾰족한
체형이 된다.

살이 찐다
대사가 원활하지
않아 살이 찌기 쉽다.

마른다
소화흡수기능이 떨어져
마르는 개도 있다.

돌기가 생긴다
피부가 노화한 증거.

감정 변화

☐ 마중을 나오지 않는다

☐ 얌전해진다

☐ 잘 놀지 않게 된다.

☐ 주인의 뒤를 따라다닌다.

☐ 쓰다듬거나 안아줘도 기뻐하지
　 않는다.

행동의 노화 신호

☐ 걸음이 느려진다.

☐ 뒷다리를 질질 끈다.

☐ 이름을 불러도 반응하지 않는다.

☐ 자는 시간이 많아진다.

☐ 뭔가에 자꾸 부딪친다.

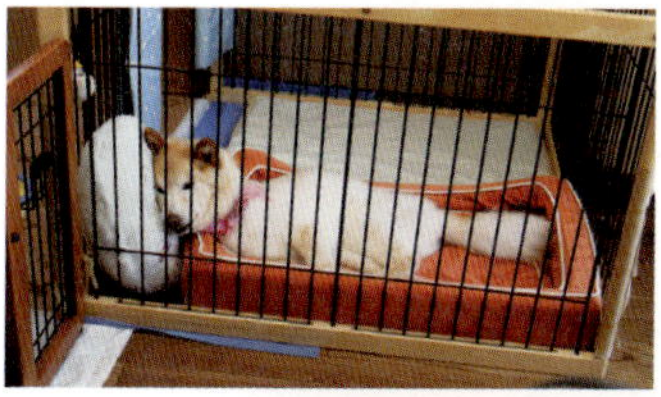

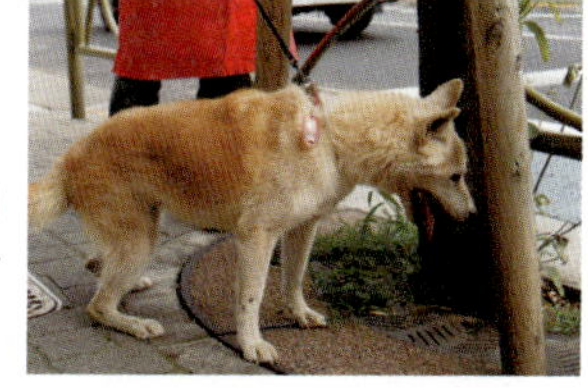

어딘가에 부딪치
는 일이 잦고 자는
시간이 길어진다.

문제행동이란 '주인을 곤란하게 하는 행동상의 문제'를 말한다. 이것은 개에게도 큰 스트레스가 된다. 여기에서는 어떤 문제행동이 있는지를 소개하며 제4장에 대처법이 자세히 나와 있으니 참고하면 된다.

주인이 없으면 젊을 때 이상으로 불안해한다.

🐕 분리불안

주인의 모습이 보이지 않으면 불안을 느끼고 패닉상태에 빠지는 경우가 있다. 외출 준비를 하는 것만으로도 떨기 시작하거나 밖을 나서면 짖기 시작하면서 실신하거나 빙빙 돌기도 한다. 상황 변화를 받아들이는 능력이 떨어지기 때문에 불안이 더욱 커지는 것이다.

개가 익숙하지 않다면 집을 비우는 동안 펫 호텔이나 동물병원에 맡기는 것도 좋지 않다. 그런 경우에는 펫시터에게 의뢰하여 자택에서 돌보는 것이 바람직하다.

▲ 화장실 실수가 잦아 부재중에는 기저귀를 채
　우기도 한다.

◀ 개가 실례를 해도 바로 치울 수 있는 타일 스
　타일의 카펫.

🐕 배설 실수

　노견에게 흔히 발견되는 문제행동 중 하나이다. 산책을 할 때 배설하는 습관을 가진 개가 집안에서 실수를 하거나 실내 화장실에 익숙하던 개가 다른 장소에 실수를 하는 등의 행동이 발견된다.

　원인 중 하나는 노화에 따른 신체기능의 저하 때문이다. 방광이나 항문 주변의 근육이 느슨해져서 대소변을 저장해두지 못하게 되는 것이다. 또 신질환이나 당뇨병 등을 앓으면 물을 많이 마시게 되어 소변양도 늘고, 관절염으로 화장실까지 가기가 힘들어서 실수하는 케이스도 있다.

　이런 경우에는 원인인 질병을 치료하면 상태가 개선되기도 한다.

공포증

공포를 느끼면 부들부들 떨기도 한다.

상동
행동

하울링도 상동행동 중 하나

공포증

나이를 먹으면 젊었을 때에는 아무렇지도 않아 하던 천둥, 불꽃놀이, 오토바이 소음 등에 이상할 정도로 공포를 느끼고 패닉상태가 된다. 대량으로 침을 흘리거나 부들부들 떨거나 호흡이 거칠어지는 등의 증상을 보이며 방에서 탈주하거나 식욕을 잃고 며칠씩 아무것도 먹지 않거나 난폭해지는 경우도 있다.

대책으로는 신경안정제를 투여하는 방법이 있지만 노견의 몸에 부담이 될 수 있으므로 수의사의 지도를 따라야 한다.

상동행동

개는 스트레스를 느꼈을 때 그루밍이나 하품, 뭔가를 먹거나 하울링 등의 행동을 취하는데 이것을 '전화행동'이라고 한다. 더 심한 스트레스를 받으면 피부

▲ ▶ 같은 곳을 빙글빙글 돌거나 실내를 배회한다.

를 장시간 핥거나 털을 뽑는 등의 모습
도 보인다. 이것을 '상동행동'이라고 하
며 노견이 될수록 많이 보이게 된다.

　반려견에게 그런 행동이 보이면 치료가 필요할 수 있으므로 수의사에게 상담
한다.

🐕 치매

　최근에는 고령견의 치매가 문제로 대두되고 있는데 이미 습득했던 훈련사항
을 잊거나 주인이 불러도 반응하지 않거나 밤에 우는 등의 모습을 보인다. 조기
발견 · 조기치료가 중요한 증상이다(치매에 관해서는 108~113쪽 참조)

갓 태어난 새끼들은 생후 7주까지 어미나 형제들과 함께 지내면서 사람이나 다른 개와의 접촉 방법을 학습한다고 한다. 이 시기가 되기 전에 어미나 형제에게서 떼어놓으면 정서가 불안정해지고 사람이나 다른 개를 대하기 힘들어하거나 짖거나 물거나 도망치거나 또는 질병에 걸리기도 쉽다.

16주까지를 '사회화기'라고 하는데 이 시기에 사람이나 개, 다른 동물과 어울리거나 자동차나 오토바이, 사이렌 소리, 불꽃놀이 소리 등의 자극에 익숙해지면 사회생활에 대한 적응력을 몸에 익혀, 친밀한 성격이 된다고 한다. 사회성이 부족하면 스트레스 대상이 많아지고, 건강상태가 안 좋아지거나 주인 이외의 사람이나 개와 잘 친해지지 못하게 된다.

사회화기에 양치질이나 발톱 자르기, 귀청소의 습관을 들여두면 고령이 되어서도 케어하기 쉬울 뿐만 아니라 반려견이 느끼는 부담도 줄어든다. 노화에 대한 준비는 새끼 때부터 시작하는 것이다.

새끼 때부터 다른 개와 노는 것만으로도 사회성이 생긴다.

2장
노견이 지내기 좋은 환경 만들기

노견이 되면 몸을 뜻대로 움직일 수 없거나 판단력이 흐려져 지금까지 익숙하게 지내던 환경에서도 뜻밖의 위험이 생겨난다. 반려견이 쾌적하게 보낼 수 있는 실내외 환경을 알아보자.

몸의 기능이 저하된 노견을 위해서 주의가 필요한 실내 부분이 나와 있다(실외사육을 하는 개는 36~39쪽 참조). 판단력도 떨어지기 때문에 뜻하지 않은 위험에 직면할 수도 있으니 미리 위험에 대비하자.

또 나이를 먹으면 자는 시간도 길어지는 만큼 안심하고 편히 쉬거나 잘 수 있는 장소가 없으면 스트레스가 쌓여 건강을 해치기 쉽다. 쾌적한 환경과 잠자리를 마련해주자.

노견이 잘 지낼 수 있는 실내 환경을 체크!

☐ 오르내리기 힘든 단차는 없는지?
→ 31쪽 체크

☐ 가구 모서리는 위험하지 않은지?
→ 31쪽 체크

☐ 바닥은 미끄러지기 쉽지 않은지?
→ 32쪽 체크

☐ 계단은 막아놓았는지?
→ 33쪽 체크

☐ 부엌 등 불 옆에 가지 않을 방안을 세웠는지?
→ 33쪽 체크

☐ 개에게 쾌적한 온도·습도인지?
→ 34~35쪽 체크

단차를 줄인다, 가구 모서리에 가드를 친다

노견이 되면 실내의 사소한 단차에서도 넘어지기 쉽다. 바닥의 돌출부나 문턱 등이 있으면 위에 미끄럼 방지 매트를 깔아주는 등 넘어지지 않도록 대책을 세운다. 현관 바닥이 낮으면 출입 시 오르내리기 부담스럽다. 스텝이나 슬로프를 마련해 안심하고 오르내릴 수 있게 한다.

또 시력이 저하되어 식탁이나 옷장 등의 모서리에 머리를 부딪쳐서 다치는 경우도 적지 않으니 위험하게 느껴지는 장소는 부드러운 완충재나 수건 등으로 싸놓는다. 전자제품의 코드 종류도 다리에 감기거나 깨물지 않도록 커버를 씌우거나 구석에 잘 정리해둔다.

견사의 단차를 없애는 슬로프.

몸이 부딪치는 곳에는 안전 가드를.

노견 코너나 잠자리 환경도 배려한다

장소
노견 코너는 가족이 모이는 거실 등에 두면 이변을 바로 알 수 있어 안심이다. 직사광선이나 에어컨 바람이 직접 닿는 곳은 피한다.

깔 것
노견 코너에 수건을 깔면 미끄러져 삐끗하기 쉽고, 올이 풀린 실에 발톱이 걸려 넘어질 우려도 있다. 뒤쪽에 미끄럼 방지가 있는 현관 매트나 부엌매트를 준비하면 OK.

침상
장시간 누워서만 지내는 경우 가능한 피곤하지 않도록 매트는 여유 있는 사이즈에 적당히 탄력 있는 것이 좋다. 빨 수 있는 것은 청결을 유지할 수 있다.

바닥은 잘 미끄러지지 않도록

딱딱하고 미끄러지기 쉬운 마룻 바닥은 발톱을 세울 수가 없기 때문에 미끄러지기 쉬우며, 넘어져서 허리나 다리를 다치거나 관절에 부담을 줄 수 있다. 특히 허리와 다리에 질환이 있는 개는 다리가 납작하게 미끄러지면서 사지가 벌어져 걷기 힘든 상태가 된다.

미끄러지기 쉬운 바닥에는 카펫을 깔거나 코르크매트 등을 채우는 것이 좋다. 단 털이 긴 카펫은 발톱이 걸려 넘어질 수 있으므로 사용하지 않는 것이 좋다.

잘 미끄러지지 않는 매트
(이 상품은 106쪽에 소개)

미끄러지기 쉬운 마룻 바닥에는 카펫을 깐다.

위험한 곳에는 가드를 설치한다

나이를 먹으면 사람뿐만 아니라 개에게도 집안에서 가장 위험한 곳은 계단이 될 것이다. 젊을 때는 가볍게 오르내렸지만 나이를 먹으면 2층에 올라간 채 내려오지 못하기도 하고, 무리하게 오르내리다가 다리를 접질리기도 한다. 그런 일이 일어나지 않도록 평소 1층에서 생활하는 경우에는 계단을 올라가는 입구에, 2층에서 생활하는 경우에는 내려가는 곳에 펫 전용 게이트를 설치하면 안심할 수 있다.

평소 반려견이 계단을 오르내려야 한다면 미끄럼 방지용 계단 매트를 깔아주는 등의 배려를 하자.

불이나 칼 등을 사용하는 부엌에도 주의!

개가 먹으면 안 되는 식재료도 있으므로 다가가지 않도록 개폐식 칸막이나 스윙도어를 설치하는 것이 좋다. '여기는 들어오면 안 돼' '여기에 다가오면 안 돼'라고 훈련시켜 잘 알아듣고 지키다가도 노견이 되면 판단력이 저하되기 시작한다. 주인이 집을 비울 때 특히 주의해야 한다.

현관으로 내려가는 곳에 게이트를 설치한다.

부엌도 멋대로 드나들지 못하게 한다.

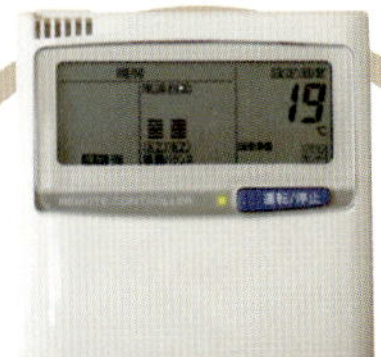

에어컨의 난방온도는 사람이 다소 춥게 느끼는 정도로 설정한다.

더위 대책에 편리한 쿨매트

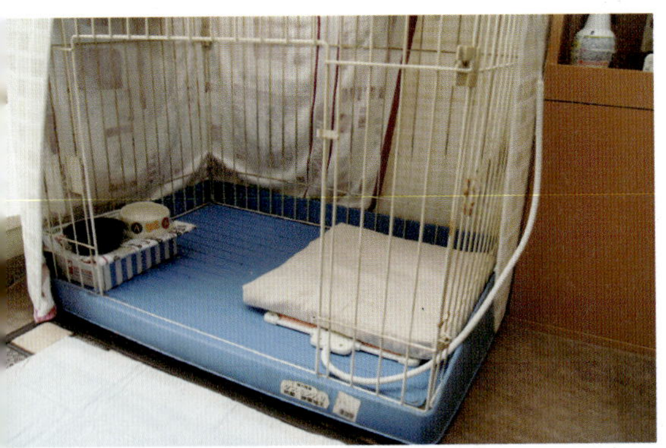

추위에 약한 노견에게는 전기매트

덥거나 추운 계절의 온도 · 습도 관리

고령이 되면 체온조절 기능이 떨어져서 더위나 추위에 잘 대응하지 못하게 된다.

개는 더위에 약하고 추위에 강한 것으로 알려져 있지만 노견이 되면 추위도 힘겨워진다. 따라서 여름과 겨울에는 에어컨을 사용할 수밖에 없다. 여름에는 25~28℃, 겨울에는 18~20℃로 실내온도를 설정하는 것이 좋다.

습도가 높거나 건조한 것도 바람직하지 않으므로, 장마철에는 에어컨을 드라이모드로 설정하거나 제습기를 이용한다.

에어컨(냉방) 이외에 손쉽게 더위를 피할 수 있는 방법으로는 냉각매트가 있다. 반려동물용으로 청량감 있는 소재가 사용된 것, 물에 젖어도 사용할 수 있는 것, 물을 넣어 사용하는 것 등 다양한 종류가 시판되고 있으므로 내 반려견에게 알맞는 것으로 선택하면 된다.

건조한 겨울에는 바이러스 감염에 주의해야 한다. 또 호흡기 기능이 약해지기 때문에 기관지염이나 폐렴이 발병하기 쉽다. 가습기로 실내의 습도를 조절하거나 반려견이 지내는 곳에 에어컨에서 나오는 더운 바람이 불지 않도록 신경 쓴다.

반려견이 있는 방에서 석유스토브나 가스스토브를 사용하는 경우에는 환기를 자주 해야 한다. 스토브를 사용할 때 발생하는 탄산가스는 산소보다 질량이 무겁기 때문에 아래쪽으로 흐른다. 개는 바닥에서 자는 시간이 많기 때문에 사람보다 많은 가스를 들이마셔 중독을 일으킬 우려가 있다.

스토브의 불완전연소로 일산화탄소가스가 발생하는 경우에는 특히 위험하니 스토브를 사용하기 전에 확실하게 손질하도록 한다.

반려견의 잠자리가 있는 방에는 스토브 대신 오일히터 또는 할로겐히터를 놓거나 이불 밑에 전기매트를 깔아 주는 것이 좋다.

따뜻한 옷을 입혀보자.

온도 · 습도 기본

1. 노견에게 쾌적한 실내온도 :
여름 25~28℃,
겨울 18~20℃

2. 습도는 사람에게도 쾌적한
45~60%를 유지한다.

3. 개가 지내는 바닥 쪽은
공기가 오염되기 쉬우므로
자주 환기시킨다.

환경에 대한 적응력이 떨어진 노견에게 더위가 심한 여름과 추위가 사무치는 겨울을 나는 것은 큰 부담이 될 수밖에 없다. 눈길이 미치지 못하는 실외에서 지내는 노견의 경우에는 컨디션 변화를 알아차리기 힘들기 때문에 집안에서 키우는 것보다 더 세심한 배려와 대책이 필요하다. 체크 항목을 확인하고 노견이 잘 지낼 수 있는 견사를 모색해보자.

견사를 두는 장소도 체크!

☐ 콘크리트 위에 놓여 있는가?
⋯ 견사의 바닥이 흙에 닿아 있으면 벼룩이 발생해서 개에게 기생하기도 한다. 또 주위에 잡초 등이 있으면 진드기가 기생하기 쉽다.

☐ 도로에서 떨어진 곳에 있는가?
⋯ 차량의 통행량이 많은 도로 옆에 견사가 있으면 배기가스를 들이마시게 된다. 통행인의 눈에 노출되는 것도 개에게는 스트레스가 된다.

☐ 집에서 바로 보이는 곳에 있는가?
⋯ 집안에서 보이는 곳에 견사가 있으면 개의 상태가 이상할 때 빨리 알아차릴 수 있으며 가족의 모습이 보이기 때문에 개도 안심할 수 있다.

노견이 잘 지낼 수 있는 견사

☐ **개에게 적당한 크기인가?**
⋯▶ 개가 서서 들어갈 수 있고 사지를 쭉 뻗을 수 있는 사이즈가 좋다. 비좁은 느낌이 난다면 개의 체격에 맞는 사이즈로 바꿔준다.

☐ **파손 부위는 없는가?**
⋯▶ 낡은 견사라면 판자가 썩거나 틈이 벌어져 있거나 구멍이 뚫려 있는 경우도 있다. 파손 부위는 보수하여 비나 눈에 대비한다.

☐ **통풍은 잘 되는지?**
⋯▶ 습기가 낀 견사는 NG! 공기가 막혀 있다면 바람이 잘 통할 수 있도록 작은 창을 내준다.

☐ **내부는 청결한가?**
⋯▶ 개의 털 등이 쌓인 불결한 견사에서는 질병에 걸릴 위험률도 높아진다. 청소를 자주 하여 청결을 유지한다.

☐ **입구에 단차는 없는지?**
⋯▶ 견사가 조금 높은 곳에 있다면 허리와 다리가 약한 노견은 드나들기가 어렵다. 이럴 때에는 판자를 걸쳐주면 드나들기가 쉽다.

도로에서 떨어져 있으면서 집 바로 옆에.

대형 견사에서는 몸이 큰 개도 편히 지낼 수 있다.

계절마다
견사의 위치를 이동시킨다

실외에서 생활하는 개에게는 더위나 추위가 혹독한 계절이 더욱 힘들 수밖에 없다. 하물며 적응력이 떨어진 노견에게 무더위나 혹한의 추위는 커다란 부담이 될 것이다. 따라서 실외에서 조금이라도 편하게 지낼 수 있도록 가능하면 계절에 따라 견사의 위치를 옮겨준다.

여름에는 통풍이 잘되는 그늘에, 겨울에는 해가 잘 들고 바람이 들지 않는 곳으로 견사를 옮기는 것이 이상적이다. 또 눅눅한 장마철에는 물이 잘 빠지고 건조한 콘크리트 위로 이동시킨다.

주택 사정으로 옮길 공간이 없는 경우에는 더위와 추위에 맞는 대책을 세우도록 한다. 여름의 직사광선을 피할 수 없는 경우에는 견사를 덮을 수 있도록 통기성이 좋은 발을 늘어뜨린다. 겨울에는 한밤의 사무치는 추위에 대비하여 견사 바닥에 담요나 두꺼운 이불 등을 깔아준다. 바람이 강한 날에는 견사 입구에 판자를 세워 바람이 안으로 들어가지 못하게 한다.

바닥에서 냉기가 올라오기 쉬운 겨울에는 방석이나 담요를 넣어준다.

여름에는 발을 쳐서 그늘을 확보한다. 강한 직사광선이 닿지 않는 장소에 두는 것도 중요하다.

실내 사육으로
전환하는 것도 고려해보자

체력이 약해진 노견에게는 기온 변화가 심한 바깥에서의 생활이 점점 가혹하게 느껴질 것이다. 계속 밖에 있으면 온몸이 더러워져 주인과의 스킨십 기회가 줄어들기 때문에 이변을 발견하기 힘들다.

더 오래 살기를 바란다면 실내로 옮겨 키울 것을 권한다. 실내에서 키울 여건이 안 된다면 밤이나 추운 계절만이라도 현관이나 실내에 들여놓자.

단 갑자기 실내로 옮기면 환경변화로 인해 스트레스를 받을 수 있으며 특히 노견은 지금까지 익숙하던 환경에서 벗어나면 불안을 느끼는 정도가 심하기 때문에 조금씩 실내 생활에 익숙해지게 하는 것이 좋다.

처음에는 잠시 동안만 실내에서 지내게 하거나 현관에서 재우다가 서서히 실내에서 지내는 시간을 늘려가며 노견을 위한 쾌적한 장소 마련도 잊어서는 안 된다.

노견에게 실외 생활은 점점 가혹하게 다가온다.

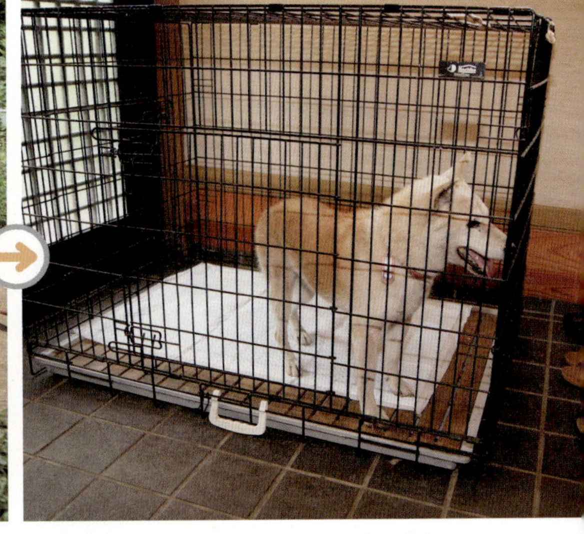

실내 생활로 바꿀 때는 현관 등에 두는 것을 시작으로 천천히 실내 환경에 적응시킨다.

　'주인이 울고 있으면 반려견이 다정하게 눈물을 핥아준다'라는 일화를 170쪽에서 소개하고 있는데, 우리는 종종 그들의 신기한 공감능력을 목격할 때가 있다. 개는 어떻게 사람의 마음을 읽을 수 있는 것일까? 개는 사람의 표정이나 목소리 톤, 호흡, 행동 등에 민감하기 때문에 이것들을 힌트 삼아 사람의 마음을 살피는 것이 아닐까 한다.

　"병원에서는 요법식을 잘 먹다가도 퇴원하면 전혀 먹지 않는 경우가 흔히 있습니다. '맛은 없지만 약이니까 먹어줘'라는 주인의 말이나 표정을 살피고 먹지 않게 됩니다."

　왓슨동물병원의 사이토 원장은 한마디를 덧붙였다.

　"목소리 톤이나 제스추어 등으로 '맛없는 음식'이라고 생각하는 주인의 마음이 반려견에게 전해지는 거죠."

　주인이 밝고 기운 있게 대하면 반려견도 생기가 있다. 즉 노견과 살 때에는 어두운 얼굴이나 침울한 모습을 보이지 않는 것이 중요하다.

사람의 마음을 투시하는 것만 같은 한결같은 눈빛

일상의 건강 체크와 바디케어

반려견의 건강 체크는 질병에 걸렸을 때 하는 것이 아니라 평소에 잘 해야 한다. 건강할 때의 체중이나 체온 등을 알아두고, 눈이나 귀, 입 등의 상태도 정기적으로 체크한다. 마사지나 빗질도 일상적으로 하여 반려견을 쾌적한 상태로 유지시키는 것도 중요하다.

건강 체크로
이상은 조기발견!

반려견의 몸에 일어나는 이상을 발견하기 위해서는 평소에 정상적인 상태를 파악하고 있어야 한다. 체중, 체온, 맥박을 정기적으로 체크해두면 평소와 다른 상태가 됐을 때 바로 알 수 있다.

위급할 때 당황하지 않도록 개가 건강할 때부터 측정하는 습관을 들이자. 측정 방법을 모르는 경우에는 수의사에게 물어보면 자세히 알려줄 것이다.

체중 체크

소형견은 체중이 가볍기 때문에 약간의 증감이라도 알기 위해서는 표시가 자세한 유아용 디지털체중계를 사용하면 편리하다(펫용도 시판되고 있다). 체중계에 얹기 힘든 사이즈의 중·대형견은 주인이 안고 함께 체중계에 올라가서 잰 후에 주인의 체중만큼을 빼면 된다. 안을 때 꼬리를 밑으로 내리고, 앞다리를 잡고 몸에 밀착시키면 개가 움직이지 않아서 정확히 측정할 수 있다. 또 개는 1세 무렵의 수치가 대체로 그 개의 표준체중이 된다(67쪽 참조).

개와 함께 체중계에 올라가 잰 후 자신의 체중을 뺀다.

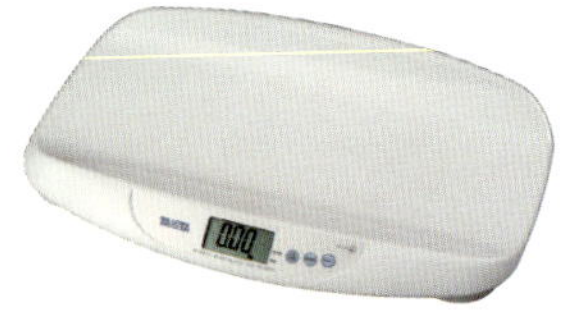

정밀도가 높은 10g 단위의 계측이 가능한 유아용 체중계는 소형견의 체중계측에도 적합하다. TANITA 디지털 베이비 스케일 BD-586(타니타).

개의 평균 체온은 사람보다 높은 38℃이다. 측정 시 개가 움직여서 오차가 나는 경우도 있으므로 살짝 위아래가 나와도 OK!

체온계의 끝부분에 물이나 샐러드 오일 같은 것을 발라 미끄러지기 쉽게 한 후 항문에 3~4cm 정도 꽂아 측정한다.

체온이 평소보다 높은 경우에는 세균이나 바이러스성 질병에 감염되어 있을 우려가 있다. 반대로 급격하게 내려갔을 때에는 생명과 연관된 중대한 상태일 수도 있다.

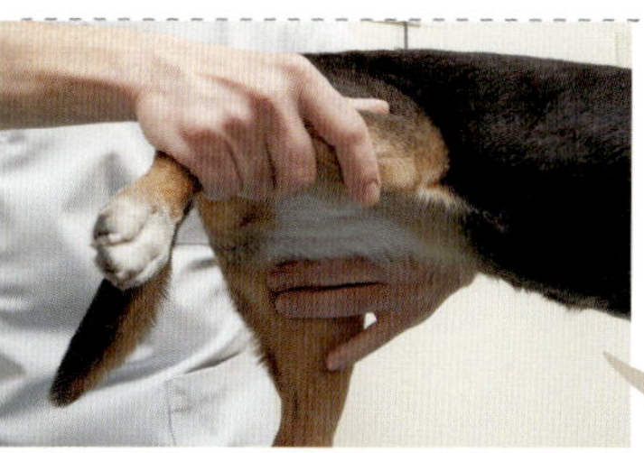

개는 항문으로 체온을 잰다.
사진은 펫 전용 체온계

다리 안쪽의 접히는 부분을 만지다가 두근두근 맥박이 느껴지는 곳을 손으로 가볍게 압박하고 1분간 맥박이 뛰는 횟수를 샌다. 1분에 120회 전후가 정상적인 맥박수이다. 계측이 어려운 경우에는 청진기(간이 청진기로도 충분하다)를 사용하면 간단하다. 청진기를 맥박 부분에 대면 심장 고동처럼 두근두근 뛰는 소리가 잘 들리므로 그 횟수를 세면 된다.

▲ 다리 안쪽의 접히는 부분에서 맥박을 잰다(실제로는 다리를 들지 않아도 된다).

▼ 청진기를 사용하면 맥박이 뛰는 소리를 잘 알 수 있다.

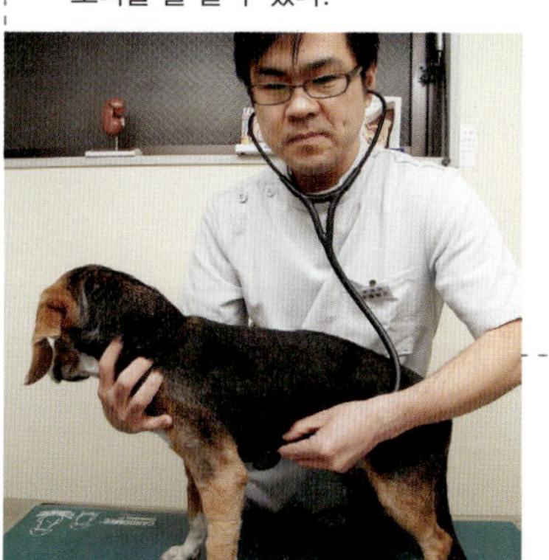

바디케어로
심신을 건강하게

노화는 피할 수 없지만 진행 속도는 늦출 수 있으므로 조심하는 것이 중요하다. 그러기 위해서는 반려견의 몸과 마음이 건강하게 유지되어야 할 것이다.

제일 먼저 개의 몸을 만질 기회를 많이 가져야 한다. 고령이 되면 몸 곳곳에 돌기나 멍울이 생기기 쉽다. 만졌을 때 아파하는 곳이 있거나 배에 작은 멍울이 있는 등 평소 몸을 만지다가 피모에 덮여 있어 눈에 잘 띄지 않는 이상을 알아채고 종양 등을 발견하는 경우가 적지 않다.

빗질과 마사지는 바디케어의 기본이다. 산책 후의 일과로 하는 것이 좋다. 간혹 만지는 것을 싫어하는 개체도 있지만 심신에 변고가 오기 쉬운 노견일수록 바디케어가 중요한 만큼 편안하게 쉬고 있을 때 조금씩 익숙해지게 하자.

또 바디케어와 함께 눈이나 귀, 입 등도 살피고 이상한 곳이 없는지 체크한다. 뭔가 이상한 점이 있을 때 빨리 조치를 취하면 중병을 막을 수 있다.

바디케어는 몸의 각 부분의 건강을 유지하는 효용 외에도 온기 있는 손으로 다정하게 만져주는 것 자체가 반려견을 안심시키고 정신 위생적으로도 매우 좋은 영향을 주므로 노견이 되어도 스킨십을 계속 해주자.

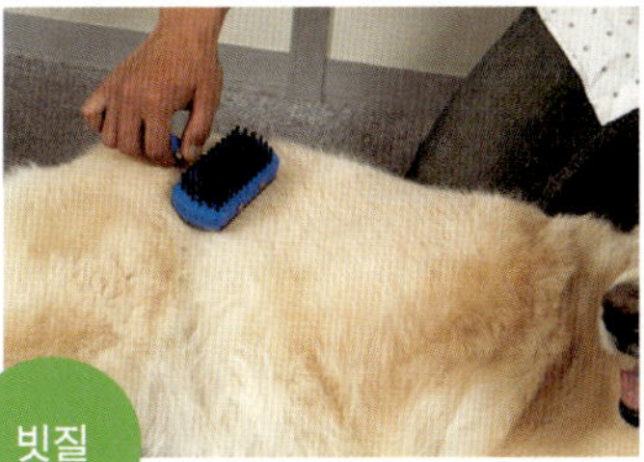

빗질
→ 46쪽으로

마사지
→ 48쪽으로

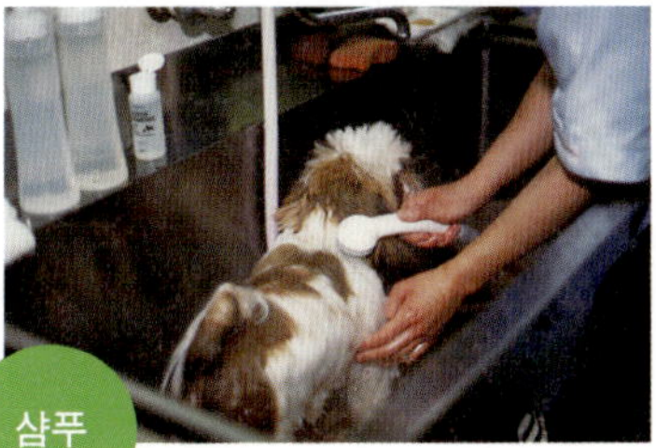

샴푸
→ 50쪽으로

빗질은 피모의 아름다움을 유지하고 혈액순환을 좋게 하여 신진대사를 촉진하는 효과가 있다. 나이를 먹어 털이 푸석해지기 쉬운 노견에게는 특히 거를 수 없는 케어이다. 빗질을 잘 해주면 혈액순환을 촉진시키고 근육을 이완시켜 노화로 인해 저하되기 쉬운 신진대사를 높일 수 있다.

빗질을 소홀히 하면 빠진 털이 몸에 붙어 있다가 피부병의 원인이 되는 경우가 있다. 장모견은 매일이나 하루걸러, 단모견은 주 1~2회 정도가 기준이다.

빗질을 할 때에는 머리에서 등, 등에서 배, 다리와 꼬리 순서로 털의 방향을 따라 부드럽게 빗질한다.

장모견은 부드러운 감촉의 핀브러시를 사용해 힘을 주지 말고 브러시를 회전시키듯이 털을 빗겨준다. 단모견은 슬리커를 살짝 잡고 브러시 끝과 반려견의 피부를 평행하게 하여 빠진 털을 빗겨낸다. 피부가 약한 개에게는 촉감이 부드러운 돼지털 브러시를 사용하는 것이 좋다.

도중에 뭉친 털이 있다면 손으로 살살 풀어낸 뒤 슬리커로 꼬리 부분부터 빗는다. 엉켜서 풀어지지 않는 털은 가위로 잘라내도 된다. 마지막에는 빗으로 전신을 훑어서 피모를 정돈한다.

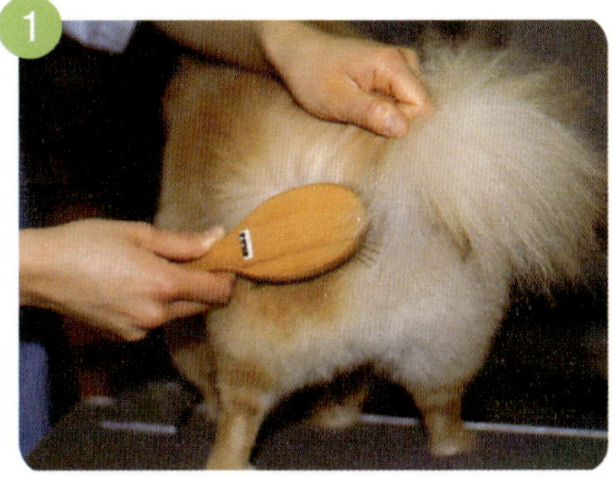

피모가 긴 개는 핀브러시로 털을 푼다.

슬리커를 가볍게 쥐고 아프지
않도록 빠진 털을 살살 제거한다.

귀의 털은 빗을 사용해서 결대로
정돈한다.

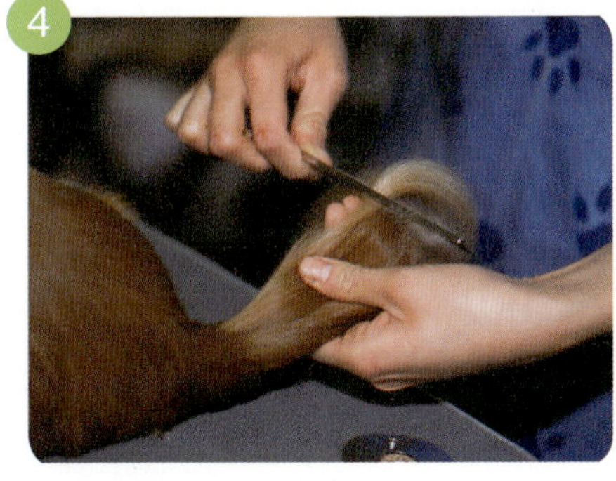

꼬리털이 긴 경우에는 빗으로 살살 풀어서 부드럽
게 마무리한다.

주인의 다정한 목소리를 들으며 마사지를 받는 것은 반려견에게 가장 큰 행복일 것이다. 마사지로 릴랙스할 수 있는 효과는 노견일수록 크다. 반려견의 모습을 살피며 전신을 만지다 보면 질병의 조기발견으로 이어지기도 한다.

그렇다고 해서 갑자기 반려견의 몸을 만지거나 마사지 받고 싶어 하지 않을 때 시작한다면 효과가 없다. 식사나 산책 후, 반려견이 안정되어 있을 때 하는 것이 마사지의 기본이다. 싫어하거나 다른 것을 하고 싶어 한다면 억지로 하지 않아야 하며 반려견의 기분을 존중해주는 것이 마사지의 효과를 높이는 비결이다.

마사지는 먼저 등이나 목덜미 등 자극이 적은 부분부터 시작한다. 그 후 턱 밑이나 가슴, 복부 등 개가 좋아할 만한 곳을 마사지해간다. 기분 좋은 표정이 되었다면 등줄기에서 꼬리, 어깨에서 앞다리 쪽을 향해 쓰다듬어준다. 또 귀 부분은 끝을 향해 쓰다듬으면 대부분의 개들이 좋아한다.

누워 지내다 보면 올려다보는 자세이기 때문에 개는 목이 피곤해지기 쉽다. 이럴 때에는 목덜미를 자주 문질러주면 좋다. 뒷다리가 쇠약하면 앞다리에 힘을 더 주기 때문에 가슴근육이 뭉쳐 있게 되므로 그곳도 풀어주면 좋다.

귀

손끝으로 안쪽을 문지른다. 귀가 늘어진 견종은 젖혀서 한다.

목

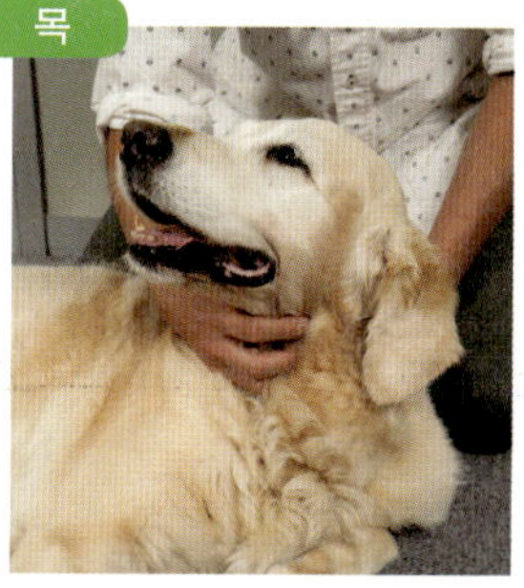

부드럽게 쓰다듬어주면 황홀한 표정이 된다.

등

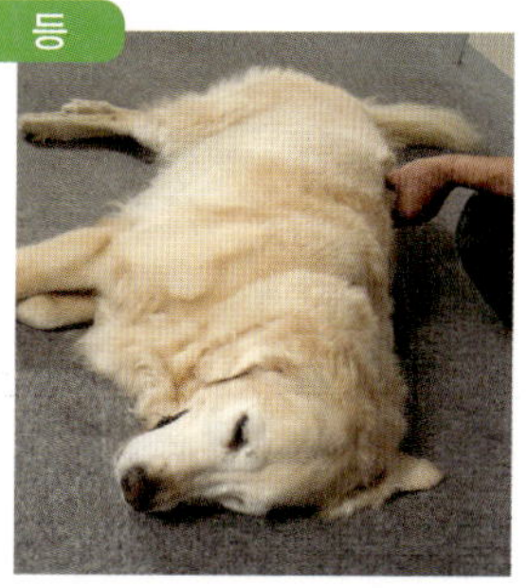

개가 릴랙스했다면 등부터 쓰다듬어준다.

콧등

살살 위로 쓰다듬으면 가만히 있는다.

다리 사이

여기도 기분 좋은 포인트. 부드럽게 꼬집어준다.

복부

원을 그리듯이 쓰다듬으면 매우 좋아한다.

반려견의 모습을 보면서 진행한다

여기도 포인트!

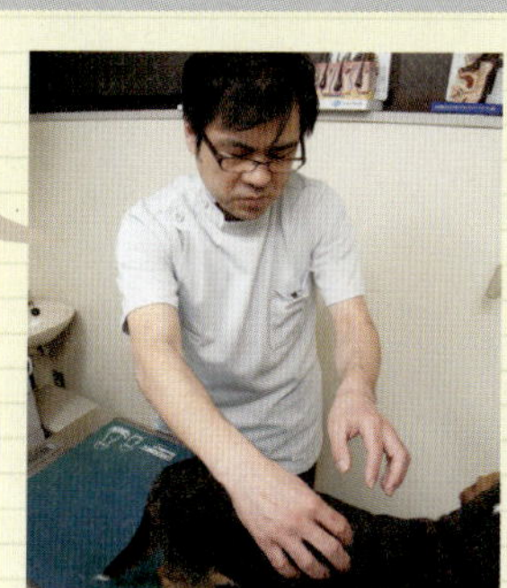

◀ 손끝으로 템포에 맞춰 터치한다

▼ 긁어줄 때에는 근육을 따라서

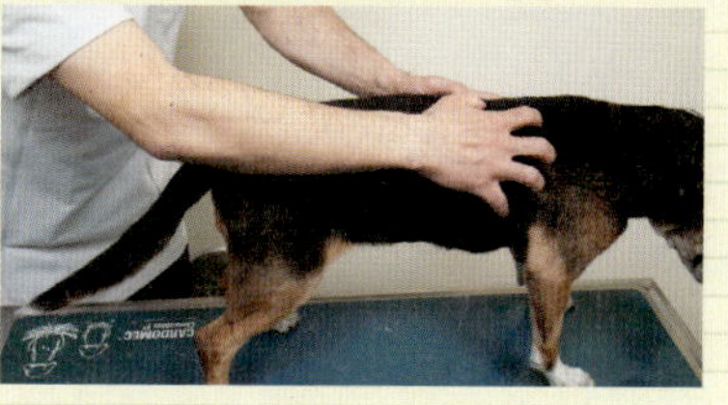

노견이 되면 젊을 때처럼 밖에서 뛰어다니다 지저분해지는 일은 줄어들지만 화장실 실수나 먹다가 흘린 잔해 등으로 몸이 지저분해지는 경우가 많다. 몸에 묻은 배설물이나 음식물 잔해는 바로 닦아주어야 한다.

목욕은 노견에게 부담이 될 수 있으므로 노견에게 맞는 목욕 방법을 익히는 것이 좋다. 노견은 피부가 쉽게 건조해지고 약하기 때문에 자극이 적은 샴푸를 사용해야 한다. 보습효과가 있는 것이라면 더욱 좋다.

또 피부가 약하기 때문에 뜨거운 물을 끼얹으면 가려움증이 생길 수 있다. 피부를 지키는 피지분이 제거되지 않도록 28~30℃ 정도의 미지근한 물로 씻어준다.

체력 소모를 줄이기 위해서 씻는 시간은 가능한 짧게 한다. 몸을 잘 적신 후에 재빨리 온몸에 샴푸를 칠하고 부드럽게 문지르듯이 씻는다. 미리 따뜻한 물에 샴푸를 풀어 거품을 내두면 재빨리 씻을 수 있어 매끄럽게 진행된다.

제일 먼저 등부터 배, 다리, 엉덩이 순으로 씻기다가 마지막에 얼굴을 씻긴다.

온몸을 헹군 후에 수건으로 물기를 닦아낸다. 드라이 타월을 사용하는 것도 좋은 방법이다. 드라이기로 말릴 때는 가려움증이 생기지 않도록 미지근한 물을 사용한 것처럼 저온으로 설정해야 한다. 털이 긴 견종은 속털 밑털이 젖어 있는 상태일 수 있으니 잘 말려야 한다.

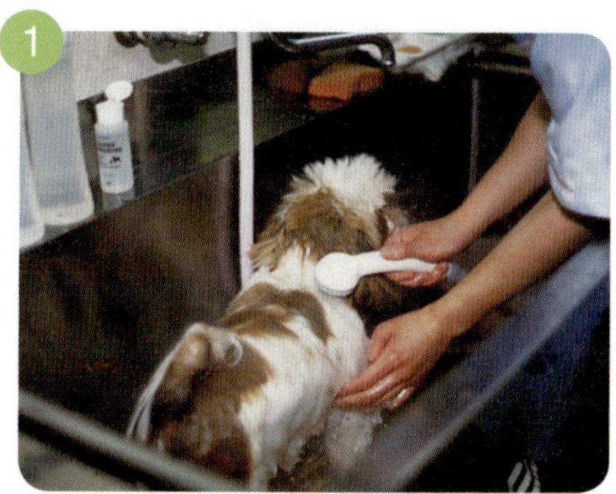

미지근한 물로 전신을 적신다.

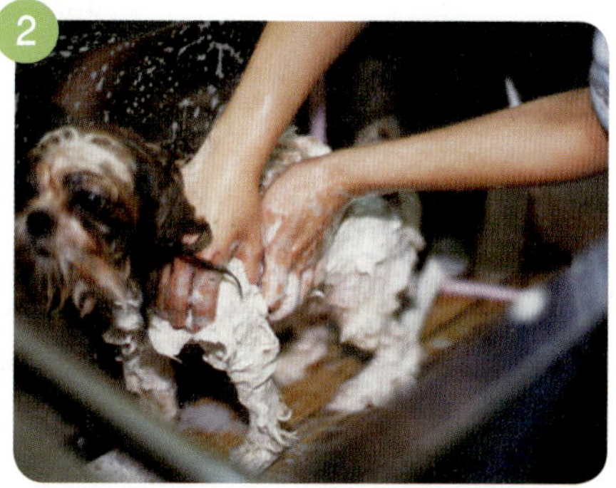

온몸에 샴푸를 묻혀 거품을 내어 씻는다.

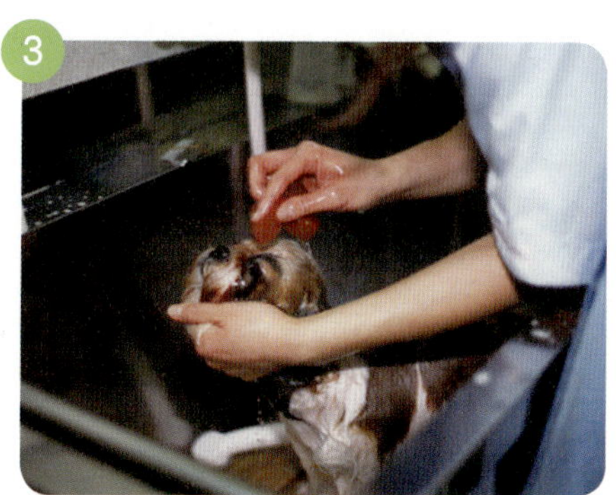

헹구는 것은 얼굴부터. 씻기 힘든 부분은 스펀지를
사용한다.

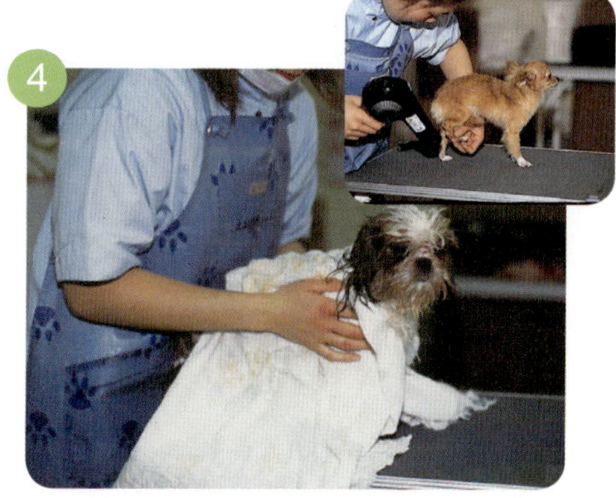

다 씻은 후에는 바로 수건으로 닦아준다. 드라이기
를 사용하는 경우에는 저온으로.

눈 　탁하거나 눈곱은 없는지?

노견이 되면 안구 트러블이 증가한다. 수정체의 단백질이 변질되는 것이 주요 원인이다. 수정체

가 백탁하는 백내장(132쪽)이 일어나기도 하는데, 더 진행되면 실명할 위험이 있으며 초기 단계에서는 진행을 늦출 수 있는 만큼 빨리 발견하는 것이 중요하다. 이를 위해 나이 든 반려견의 일상 체크는 중요하다. 체크 방법은 개의 아래턱을 손으로 받치고 엄지와 검지로 눈을 살짝 벌리고 정면에서 눈을 살펴보면 된다.

또 백내장 이외의 안질환을 발견하려면 눈곱이 나오지 않는지, 가려워하거나 아파하지는 않는지, 습기는 충분한지 등 건강할 때의 상태와 대조해서 체크하는 것이 좋다. 눈곱이 많은 경우에는 결막염이나 안구건조증 등을 의심할 수 있다. 질병이 아니라고 해도 눈 주변의 오염물이나 눈곱을 방치하면 감염증이 생기기도 한다. 눈이 다치지 않도록 주의하며 미지근한 물에 적신 거즈 등으로 눈 앞에서 눈꼬리 쪽으로 닦아준다.

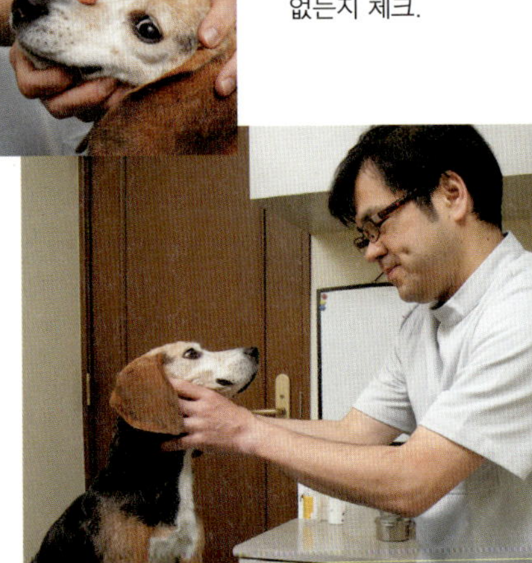

양손으로 눈을 벌리고 이상이 없는지 체크.

정면에서 눈의 백탁을 살펴본다.

백탁은 이렇게 보인다.

점안 방법은 138쪽으로.

귀 귀지가 쌓여 있지 않은지?
염증이 일어나지 않았는지?

건강한 개의 귓속은 깨끗한 핑크색을 띠고 있다. 또 오염물질이나 잡균을 구멍에서 밖으로 밀어내는 기능도 있다. 하지만 면역력이 저하된 노견의 귀는 세균이 잘 번식해서 질병에 걸리기 쉬우며 그로 인해 외이염 등에 걸리는 경우가 있으므로 정기적인 귀청소를 거르지 않도록 한다. 귀에서 냄새가 나거나 귀 주변이 끈적거린다면 빨리 수의사에게 진료받아야 한다.

귀 청소에 면봉을 사용하면 귀를 아프게 하거나 오염물을 밀어 넣을 수도 있으므로 주의한다. 오염물은 거즈로 닦아내기만 해도 충분하다.

귀 전용 세정액을 솜에 적셔 귓속의 바깥쪽부터 천천히 문지르듯이 청소하는 방법도 있다. 개의 머리를 가볍게 흔들어서 귀 안에 세정액이 골고루 퍼지면 오염물이 배출된다. 단 이 방법은 요령이 없으면 잘 되지 않으므로 무리하게 하지 말고 수의사에게 상담한 후에 하도록 한다.

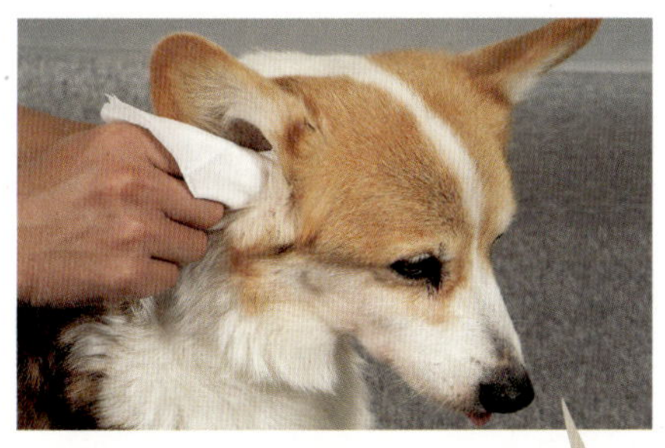

손가락이 들어가는 부분을 거즈로 닦는다.

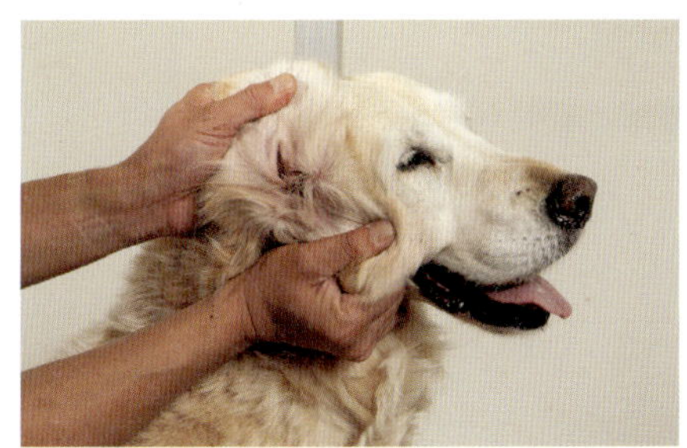

귀를 벌려 오염물이나 염증 체크.

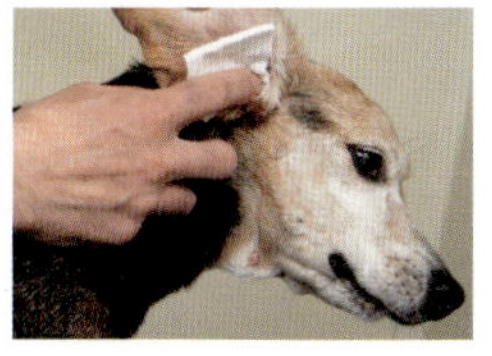

귀가 늘어진 견종은 귀를 젖혀서 체크한다.

오염물이 쉽게 쌓이는 귀는 정기적으로 청소해도 이렇게 지저분하다.

입 & 이빨   치주염에 걸리지는 않았는지?

타액은 입안을 청결하게 유지하는 역할을 하지만 노견은 타액의 분비량이 줄어들기 때문에 위 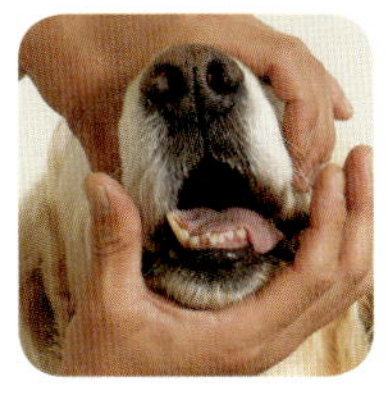 생이 불량해지기 쉽고, 그로 인해 치주질환에 걸려 통증 때문에 밥을 먹지 못하는 경우도 있다.

개의 입을 벌려 안을 들여다보자. 혀나 잇몸이 진한 핑크색을 띠고 있다면 건강상태는 양호하다. 잇몸이 빨갛게 부어 있다면 치주염일 가능성이 있으며, 하얗다면 빈혈을 의심할 수 있다.

동시에 치석이 낀 상태도 체크해둔다. 치석을 방치하면 잇몸염이나 치주염을 초래한다. 3일에 한 번은 양치질을 하여 치석이 끼는 것을 방지한다.

이빨을 닦는 방법은 펫 전용 칫솔이나 거즈를 손에 감고 이빨의 표면을 문지르듯이 닦아준다. 어릴 때부터 습관화시키는 것이 가장 좋지만, 양치질을 싫어한다면 동물병원에서 치석을 제거할 수 있으므로 수의사와 상담한다.

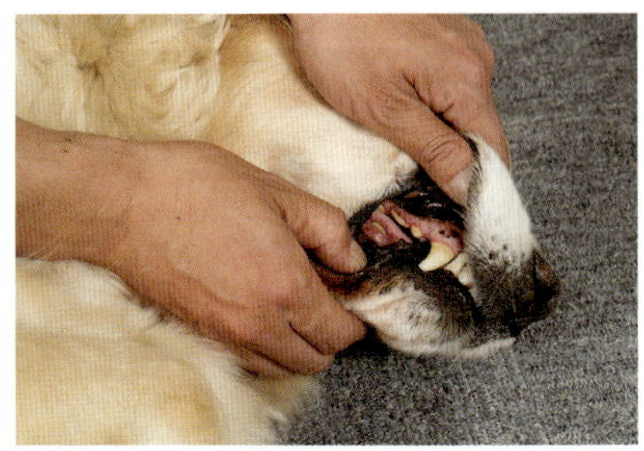

상하의 입술을 벌려 이빨과 잇몸을 살펴본다.

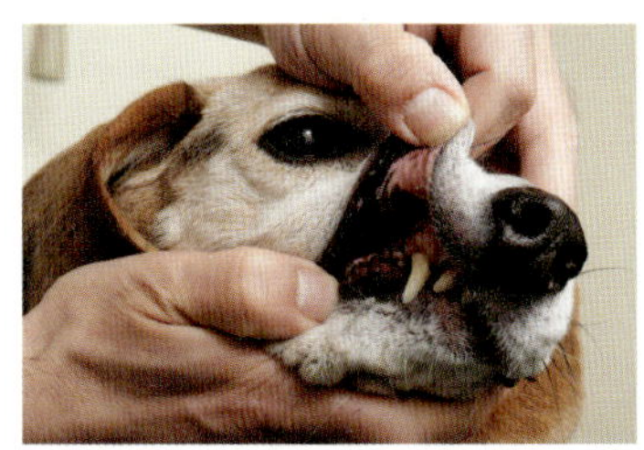

입술 안쪽도 가끔 체크한다.

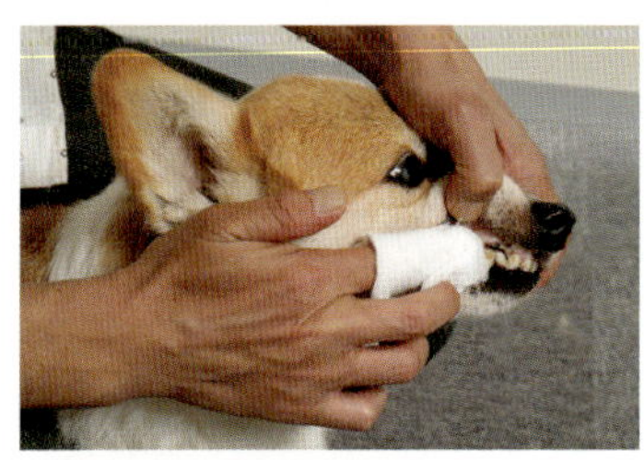

양치질은 주 2회 정도가 좋다.

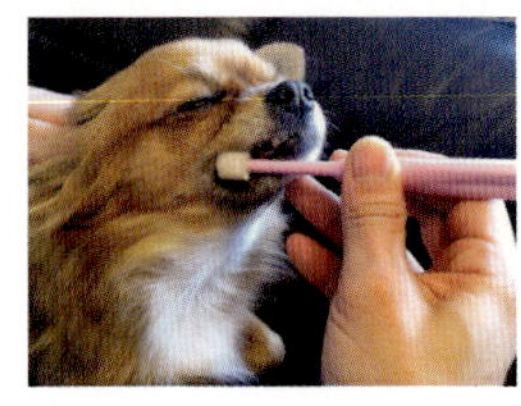

개 전용 칫솔은 틈새에 낀 오염물도 제거할 수 있어 편리하다.

시그원 초소형개 전용 칫솔(비바텍)

발톱 너무 자라지 않았는지?

발톱을 자르기 싫어하는 개도 많고, 개의 발톱을 자르기 힘들어하는 주인도 많다. 하지만 자란

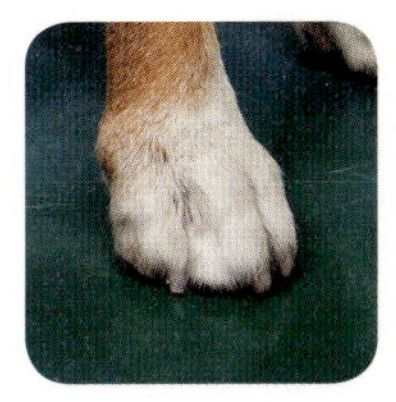

발톱을 그대로 두면 보행에 지장이 생기고 관절이 다치거나 패드에 파고드는 경우가 있다. 허리와 다리가 약해져서 넘어지기 쉬운 노견이라면 더욱 발톱을 정돈하여 발밑의 안정을 확고히 해야 한다. 또 매일 산책을 나가는 개는 자연스럽게 발톱이 닳지만, 걷기를 힘들어하거나 누워만 지내는 경우에는 너무 자라지 않게 신경 써야 한다. 가끔 발톱이 자란 상태를 체크해서 한 달에 1~2회 정도 잘라준다.

발톱에는 혈관이나 신경이 통한다. 발톱이 자라면 혈관이나 신경도 자라기 때문에 그것들까지 자를 위험성이 높아진다. 혈관을 구분하기 어려운 검은 발톱은 동물병원에 갔을 때 자르는 방법을 배우면 안심할 수 있다.

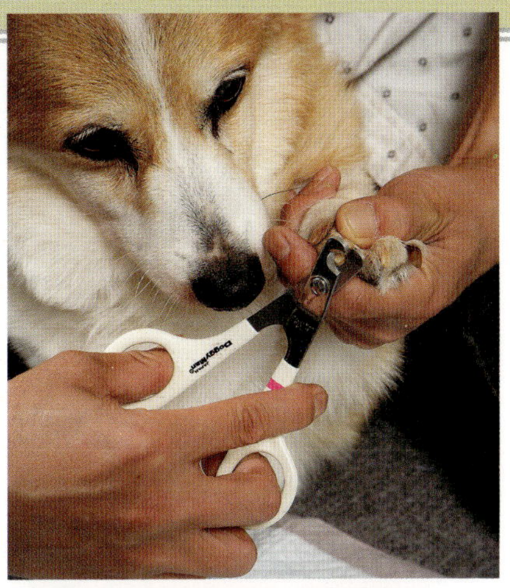

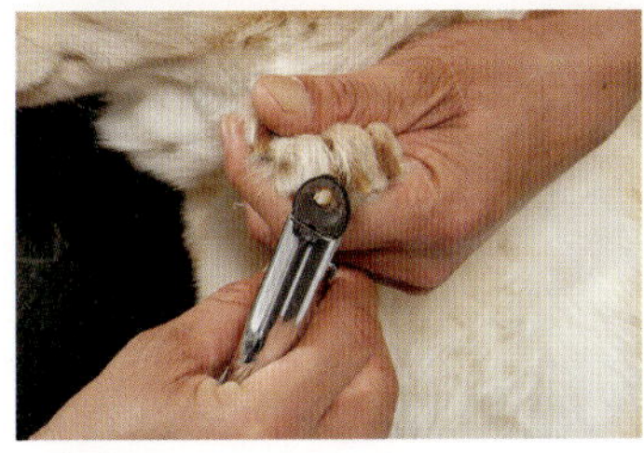

혈관이 다치지 않도록 끝부분을 자른다. 싫어한다면 하루에 2~3개씩만 자른다.

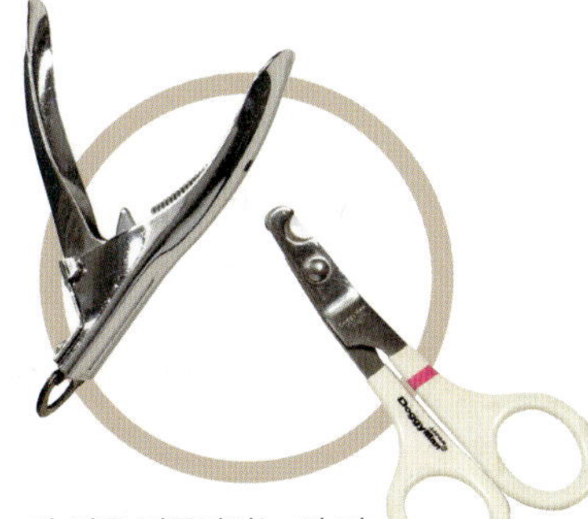

개 전용 발톱깎이는 몇 가지 타입이 있으니 사용하기 쉬운 것을 고른다.

발톱을 깎다가 피가 났을 때 사용하는 개고양이용 지혈제.

　사람의 주치의, 단골 의사에 해당하는 것이 반려견의 홈닥터이다. 병력 관리는 물론 개의 개성이나 상황에 따라서 정확한 진단과 치료를 해준다.

　"최근 10년간 동물병원도 많이 발전했습니다. 동물에게도 내장이나 뇌 등 부위별 전문의가 등장하면서 고도의료의 범위도 확대되었지요. 물론 홈닥터가 전부 다 할 수 있는 것은 아닙니다. 하지만 특수한 수술은 대학병원에서 받도록 소개하는 등 다양한 조언을 해줄 수 있습니다(왓슨병물병원 원장·사이토 가츠유키)."

　치료뿐만 아니라 마사지나 발톱을 자르는 등 바디케어 방법을 가르쳐주거나 최신 의료정보를 제공하는 등 주인의 좋은 상담 상대로서 의문점이나 불안을 해결해줄 수도 있다. 항상 개를 상대하는 홈닥터는 개가 무엇을 호소하는지 잘 이해하므로 반려견과 주인 모두에게 둘도 없이 소중한 존재라고 할 수 있다.

홈닥터는 주인의 든든한 상담 상대.

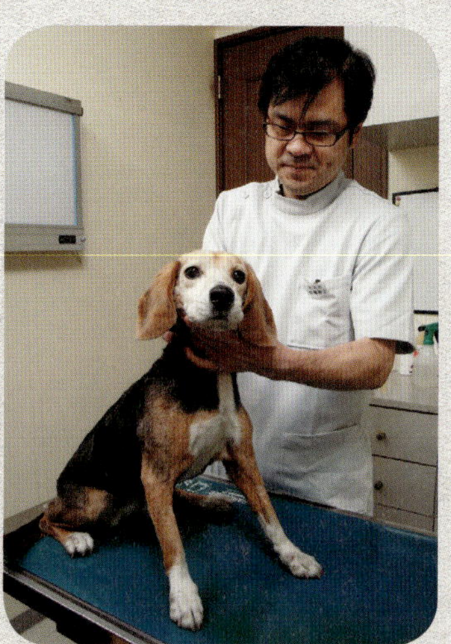

4장

건강하게 오래 사는 비결은 식사와 운동

노견의 건강유지에 중요한 역할을 하는 것은 식사이다. 식생활의 향상이 장수화를 가져온 반면, 칼로리 과다나 편식으로 인해 비만이나 당뇨병, 심장병, 관절염 등의 생활습관병을 앓는 케이스도 늘고 있다. 노견에게 적합한 식사와 운동의 밸런스를 연구해보자.

노견이 되면 내장 기능이 약해지고 소화흡수력도 떨어져 제대로 영양을 섭취할 수 없다. 또 기초대사가 저하되고 에너지소비도 줄어들어 체내에 여분의 칼로리가 축적되므로 저지방, 저칼로리로 영양밸런스를 맞춘 시니어용을 주는 것이 좋다. 시니어 사료는 지질이나 칼로리가 억제되어 있을 뿐만 아니라 신장이나 심장에 대한 부담을 덜어주기 위해서 단백질 함량이 낮은 것이 특징이다.

시니어용 푸드로 바꾸는 시기는 연령 외에도 개의 상태나 행동 등을 참고해야 한다. 단 갑자기 전부 바꿔버리면 설사를 하거나 전혀 받아들이지 못하는 경우도 있으므로 그때까지 먹고 있던 푸드와 새로운 푸드의 비율을 조금씩 바꿔가면서 컨디션이나 배변 상태를 체크하여 1~2주에 걸쳐 바꾼다.

종합영양식은 라벨에 표시되어 있는 체중 당 표준량을 먹이면 필요한 에너지나 각종 영양소를 섭취할 수 있다. 반려견의 체중도 파악하여 적절한 양을 주도록 한다.

식사는 건사료를 기본으로 하면 영양밸런스를 취하는 데 무리가 없다. 직접 만들어주는 경우라면 확실한 영양지식이 있어야 한다. 또 내장질환 등이 발병하여 증상에 맞게 성분배합이 조절되는 요법식의 푸드로 바꾸는 경우, 수제식에 익숙해지면 푸드를 먹지 않을 수도 있다. 그런 의미에서도 건사료를 기본으로 하는 것이 바람직하다.

노견의 연령이나 상태에 따라 푸드를 주는 것이 건강을
지키는 기본이다.

아이디얼 레시피의 닥
터 클라우드 노견+다이
어트용 사료.

먹기 쉽도록 식기 위치를 높게 해주거나(60쪽. 90쪽도 참조),
필요에 따라 손으로 먹이는 방법도 있다.

먹지 않을 때의
대처 방법

노견이 되면 식욕이 떨어지는 경향이 있지만, 갑자기 식사량이 줄어든다면 질병 때문이 아닌지 등 원인을 찾는 것이 중요하다. 우선 수의사와 상담부터 하자. 여기에서는 질병이 아닌데 밥을 잘 먹지 않으려는 경우의 대처법을 설명한다.

급여 방법을 바꿔 본다

먹기가 힘들면 식욕도 감퇴된다. 개의 상태에 맞게 먹는 방법을 배려해준다 (90~91쪽도 참조).

고개를 숙이기 힘들어 하는 개의 경우 높은 위치에서 밥을 먹을 수 있도록 식탁을 사용한다.

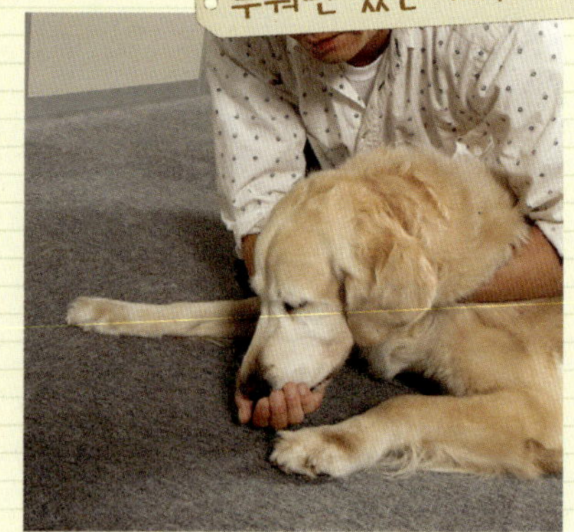

엎드리게 해서 주인의 손으로 직접 먹여준다.

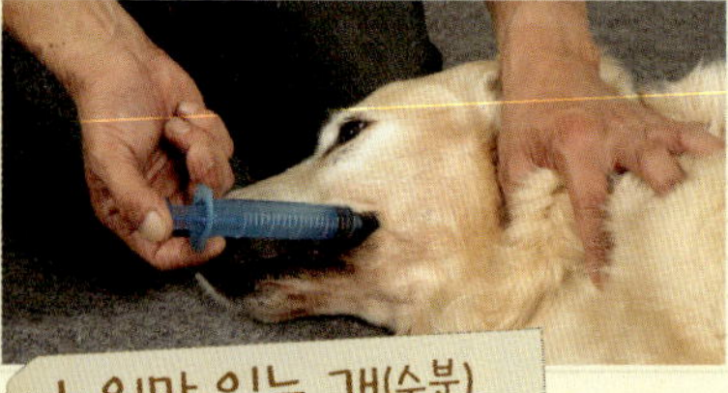

물은 주사기로 입 옆으로 천천히 먹인다.

딱딱한 정도나 향 등 맛 이외의 요소도 식욕에 영향을 미친다.
평소 먹는 푸드에 이따금 변화를 주는 것도 좋다.

부드럽게 불려서 준다

소화흡수를 좋게 하기 위해서 건사료를 따뜻한 물
에 불려주는 방법도 있다. 불려주면 흡입하기도 쉽고
소화기관의 부담도 적다. 또 불린 사료를 짓이겨 유
동식으로 주는 방법도 있다. 단 뜨거운 불을 사용하
면 음식의 영양소가 파괴되므로 주의! (91쪽도 참조).

냄새를 가미한다

좋은 냄새를 맡으면 식욕이 돌아오기도 한다. 개가
좋아하는 냄새의 습식사료를 섞어주거나 고기를 섞
은 수프 등을 끼얹어보자. 따뜻하면 냄새도 강해지므
로 38~40℃ 정도로 데워주는 것도 좋은 방법이다.

좋아하는 것을 섞어서 준다

식욕이 없을 때 이외에 컨디션 난조로 먹을 수 없
는 경우에도 시도해보면 좋은 방법이다. 개가 좋아하
는 것을 건사료에 조금 섞어준다. 토핑의 양이 너무
많으면 칼로리가 오버되거나 영양에 불균형이 발생
하므로 건사료의 20% 이내로 한다.

반려견의 식생활이나 사육환경 향상으로 고령화가 진행되고 있는 한편으로 살이 찐 비만견도 증가하고 있다. 인간과의 친밀도가 증가하면서 식습관이 나빠져 40%에 가까운 개에게 비만 경향이 보이고 있다고 한다.

반려견이 비만 상태에 있는 것을 깨닫지 못하다가 질병이 생긴 뒤에야 진단받고 비만이 원인인 것을 실감하는 주인의 케이스가 적지 않다.

비만이란 '체내에 지방이 과잉으로 축적된 상태'를 말한다. 체지방은 갑자기 증가하는 것이 아니라 시간을 두고 천천히 증가한다. 나이가 들어 대사기능이 저하되어 있는데 젊을 때와 똑같은 수준으로 에너지를 섭취하면 남은 에너지가 체내에 쌓여 지방분이 증가하는 것이다.

표준체중이 넘게 살이 찌면 심장이나 폐, 간장, 신장 등의 내장에 큰 부담이 된다. 비만상태가 오래 지속되면 내장의 기능도 약해져 심부전이나 간 기능장애 등을 일으킬 위험도 있다. 피부병이나 당뇨병의 발병 가능성과 면역력이 저하되어 감염증에 걸릴 확률도 커진다. 또 개복수술이 필요할 경우 복부 주변에 지방이 끼어 있으면 큰 방해요소가 된다.

비만이 되기 전에 예방하는 것이 가장 중요하며, 이미 살이 쪘다면 건강에 악영향이 나타나기 전에 감량해야 한다.

비만이 되지 않도록
식사관리와 운동을
확실하게 하자.

살이 좀 붙은 것
같다면 다이어트에
도전!

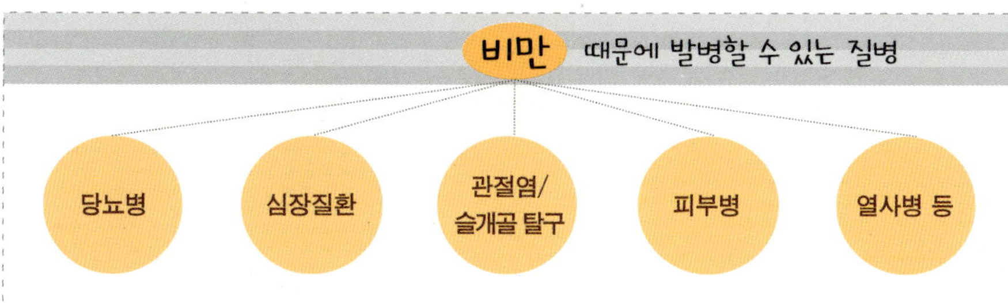

비만 때문에 발병할 수 있는 질병
당뇨병
심장질환
관절염/
슬개골 탈구
피부병
열사병 등

반려견의 비만도를 판단한다

반려견이 얼마나 살이 쪘는지를 체크하기 위해서는 일단 몸부터 만져보아야 한다. 골반 쪽을 만져서 뼈가 확실하게 느껴진다면 살이 찐 것은 아니다. 하지만 만졌을 때 뼈의 느낌이 전혀 나지 않는다면 지방이 뼈를 둘러싸고 있다는 뜻이므로 비만상태라고 할 수 있다.

이렇게 개의 비만 정도는 지방량으로 달라진다. 그것을 쉽게 판단할 수 있도록 기준을 세운 것이 바디 컨디션 스코어[BCS]이다. 개의 몸을 위와 옆에서 보고 늑골과 허리의 지방이 붙은 상태를 5단계로 나누어 객관적으로 평가한다(오른쪽 페이지에는 BCS1 '지나치게 마름'과 BCS2 '마름'은 생략되어 있다).

이상적인 체형은 스코어3으로, 위에서나 옆에서 봐도 허리의 잘록함을 확인할 수 있다. 스코어 4~5는 잘록함이 거의 알 수 없거나 전혀 알 수 없는 상태이다. 반려견의 체형이 스코어 4나 5라면 비만대책을 세워야 할 것이다.

가볍게 몸을 잡고 만져보며 비만도를 조사한다.

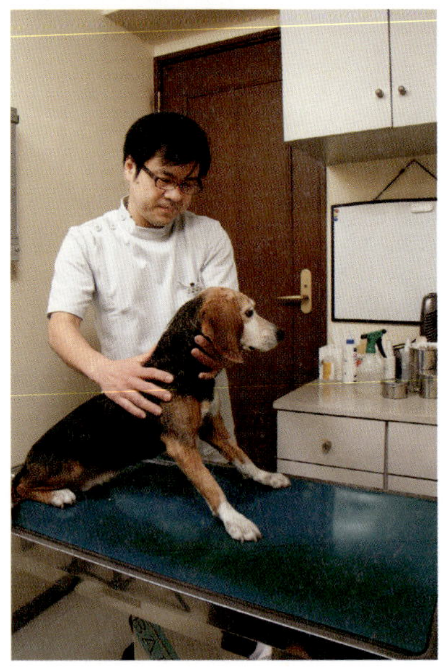

바디 컨디션 스코어[BCS]의 기준

BCS	BCS3	BCS4	BCS5
	이상체중	과잉체중	비만
이상체중을 100으로 했을 때의 비율	95~109	107~122	123 이상
체지방	15~24%	25~34%	35% 이상
특징	여분의 지방이 침착되지 않고 늑골이 만져진다. 위에서 보면 늑골의 뒤쪽에 잘록한 허리 모습을 알 수 있다. 옆에서 복부가 올라붙은 모습을 볼 수 있다.	지방의 침착이 다소 많지만 늑골은 만져진다. 위에서 보면 허리의 잘록한 부분을 알 수 있지만 현저하지는 않다. 복부가 살짝 올라붙어 있는 모습을 볼 수 있다.	두툼한 지방으로 덮여 있어 늑골의 감촉이 느껴지지 않는다. 요추나 미근부(엉덩이 쪽)에도 지방이 침착. 허리의 잘록함은 거의 찾아볼 수 없다. 복부가 올라붙기는커녕 늘어져 있다.

(참조: 《주인을 위한 펫푸드·가이드라인》일본 환경청)

비만견의 행동 신호를 알아챈다

비만대책의 첫걸음은 반려견이 살이 찐 것을 느끼면서부터 시작된다. 대처가 빠를수록 다양한 질병의 발병을 막을 수 있다.

앞 페이지에서는 비만상태인 개의 체형 신호를 설명했는데, 행동 신호를 발견하는 것도 중요하다.

먼저 식사량이 많아진다. 단 이 경우 대부분 원인이 주인에게 있기 때문에 주인 쪽에서 주의하면 피할 수 있다. 귀엽다고 반려견에게 간식이나 사람이 먹는 음식을 자꾸 주다 보면 금세 칼로리가 오버된다.

또 살이 찐 몸을 움직이기 귀찮아서 산책하고 싶어 하지 않거나 몸이 무거워서 계단을 오르지 못하는 등의 폐해도 있다. 그 밖에도 목 둘레까지 지방이 붙어 호흡이 부드럽지 못하고 쌕쌕거리거나 코를 고는 등의 신호도 보낸다.

한 가지 주의할 점은 비만이 질병의 원인이 되는 케이스이다. 다이어트를 시켜도 빠지지 않는 경우 갑상선 기능 저하증이나 부신피질 기능항진증(127쪽) 등일 수도 있다. 식사나 운동이 적정한데도 살이 쉽게 쪄서 빠지지 않는 경우에는 수의사에게 상담한다.

나이가 들어도 슬림하게 이상체형을 유지할 수 있다.

살이 찌지 않도록 주인이 주도적으로 식사나 운동을 관리한다.

1세 때의 체중을 목표로

반려견이 얼마나 살이 쪄 있는지 정확하게 파악하고 있는 주인은 적지 않을까? 현재의 비만 정도를 알 수 없다면 다이어트 계획을 세울 수가 없다.

개의 표준체중은 골격이 안정화되는 생후 1세 때의 체중이 기준이다. 반려견의 어릴 적 기록이 남아 있다면 1세 때의 체중을 알아보자.

새끼일 때에는 빨리 크기를 바라고 식사량을 늘려주기 쉬운데 그것이 극단적이 되면 성장기에 살이 찌는 경우가 적지 않다. 기록이 남아 있지 않다면 1세 때에 진찰을 받았던 동물병원에 문의해보는 것도 좋다.

1세 때의 체중을 알 수 없거나 그 시점에서도 비만이었다면 BCS 스코어 3을 기준으로 한다.

비만도가 높을수록 표준체중까지 감량하는 기간은 당연히 길어진다. 그 사이에 주인이나 가족이 쓸데없이 간식을 주거나 한다면 목표는 점점 더 멀어질 것이다.

살이 쪄서 생기는 리스크를 가족 모두가 이해하고 정확하게 칼로리를 컨트롤해야 할 것이다.

3개월까지는 아직 몸도 작고 어린 티가 확실하게 느껴지지만 11개월쯤 되면 거의 성견과 비슷한 체격이 된다.

반년에서 1년 단위의 다이어트를 계획한다

다이어트가 필요한 것은 표준체중보다 15% 이상 체중이 많이 나가는 경우이다. BCS 스코어로 치면 4나 5가 된다. 단 단기간의 급격한 감량은 노견에게 큰 부담이 되므로 오랜 시간에 걸쳐 조금씩 감량시켜야 한다. 목표로 하는 이상체중과 현재의 체중이 어느 정도 다른지 오른쪽의 표를 참고로 하여 정확하게 파악하자.

사람의 경우 무리 없는 다이어트는 한 달에 체중의 0.5% 정도까지이니 이것을 참고하자. 체중 50kg인 사람의 5%는 2.5kg인데 5kg인 개로 환산하면 250g이다. 개의 체중에서 1kg의 증감은 사람의 10kg에 해당하는 만큼 감량 단위로는 매우 크므로 주의가 필요하다. 특히 소형견의 감량은 100g 단위로 관리해야 한다.

다이어트 계획에서 가장 중심이 되는 것은 식사량 조절이다. 비만 정도에 따라서는 다이어트용 푸드를 급여하는 방법도 고려할 수 있다. 칼로리를 얼마나 줄일지, 어떤 음식을 먹일지 등은 수의사와 상담하자.

체중과 BCS 스코어(65쪽)를 사용해 확인한다.

이상체중 조견표

단위: kg

BCS4인 경우		BCS5인 경우	
현재의 체중	이상 체중	현재의 체중	이상 체중
1.5	1.3	1.5	1.2
2.0	1.7	2.0	1.5
2.5	2.2	2.5	1.9
3.0	2.6	3.0	2.3
3.5	3.0	3.5	2.7
4.0	3.5	4.0	3.1
4.5	3.9	4.5	3.5
5.0	4.3	5.0	3.8
6.0	5.2	6.0	4.6
7.0	6.1	7.0	5.4
8.0	7.0	8.0	6.2
9.0	7.8	9.0	6.9
10.0	8.7	10.0	7.7
12.0	10.4	12.0	9.2
14.0	12.2	14.0	10.8
16.0	13.9	16.0	12.3
18.0	15.7	18.0	13.8
20.0	17.4	20.0	15.4
25.0	21.7	25.0	19.2
30.0	26.1	30.0	23.1
35.0	30.4	35.0	26.9
40.0	34.8	40.0	30.8

(출전:《펫슬림프로그램 웨이트·매니지먼트매뉴얼》일본 힐즈 콜게이트)

바로 최종 체중을 목표로 하지 말고, 다이어트의 중간 목표를 설정한다

다이어트에 있어서 식사 칼로리를 계산할 때 곧바로 최종 목표체중을 정하는 것이 아니라 중간 목표를 설정해야 한다.

예를 들어 20kg인 개를 15kg까지 감량시키는 경우 처음부터 15kg 개의 필요 칼로리만 준다면 큰 스트레스를 받을 뿐만 아니라 오히려 건강을 해치거나 요요의 원인이 될 수 있다. 따라서 처음에는 18.5kg을 중간 목표로 세워 칼로리를 계산하고 그것이 달성되면 그 다음에는 17kg을 목표로 하는 식으로 천천히 감량시키는 것이 바람직하다.

식사는 1일 4~6회 정도로 나누어 급여하면 식사량이 적어져도 횟수가 늘어서 공복감이 희석된다. 시간적인 여유를 갖고 천천히 감량시키는 것이 다이어트의 성공비결이기도 하다.

1회 급여량이 적더라도 식사 횟수를 늘려주면 개도 좋아한다.

개도 고령이 될수록 다리와 허리가 약해진다. 산책 중에도 걷는 속도가 느려지거나 몇 번씩 멈춰 서서 쉬거나 비틀거리기도 한다.

그런 모습을 보고 '무리하게 산책 시키는 건 불쌍하다'라는 생각으로 산책을 멀리하는 주인도 있을 것이다. 하지만 신체능력이 떨어졌다 해도 아직 기운이 있고 산책을 좋아하는 개 입장에서는 산책을 가지 못하면 스트레스가 쌓이는 만큼 오히려 불쌍하게 만들 뿐이다.

산책을 나가지 못하면 신체적인 면에서도 악영향이 나타나는 경우가 있다. 걸을 기회가 없어 사용하지 않게 된 근육이나 관절이 점점 쇠약해지기 때문에 오히려 노화를 재촉하는 결과가 된다.

노견의 건강관리를 위해서는 어느 정도의 운동량을 계속해야 근력을 유지할 수 있다. 또한 외부의 자극을 접하면서 생기를 찾는 것이 중요하다.

고령이라고 해도 몸에 부담을 주지 않는 범위에서 적당한 운동을 계속할 필요가 있으며, 그것은 노화에 동반되는 다양한 질병을 예방하는 것으로 이어진다.

하지만 산책을 가고 싶어 하지 않는 이유가 몸의 컨디션에서 비롯된 것이라면 무리하게 끌고 나가는 것은 좋지 않다. 어떤 질병이 의심되거나 평소와 다른 모습을 보여 신경이 쓰인다면 빨리 수의사에게 상담을 받아보자.

그렇지 않은 경우에는 연령이나 체력에 맞는 운동이나 자극이 필요하다. 주인이 함께 놀아주거나 재훈련을 시키는 등을 통해 스킨십이나 커뮤니케이션의 기회를 늘리는 것도 노견에게는 좋은 자극이 될 것이다.

몇 살이 되든
개는 산책을 매우
좋아해요. 심신에
좋은 산책을,
계속계속
시켜주세요.

펫시터에게도
노견의 산책은
중요한 업무 중
하나.

심신을 **환기**시키고,
생활리듬을 조절하는

산책을 하루 일과처럼 계속 하다 보면 심폐기능이나 소화기능, 혈액순환이 고양되는 등 건강이 유지되기 때문에 큰 효과를 기대할 수 있다. 또 바깥 공기를 접하면 뇌가 자극을 받기 때문에 치매 예방에도 효과적이다.

바람이나 흙냄새, 눈에 날아드는 풍경, 다른 개와의 만남 등도 기분전환에 좋은 활력소가 되며 몸을 움직이는 것 자체가 스트레스 해소에 도움이 된다. 또 햇빛을 받으면 체내시계가 정상으로 돌아와 낮 활동, 밤 수면이라는 생활리듬을 유지할 수 있기 때문에 밤에 우는 등 문제행동의 경감을 기대할 수 있다.

그렇지만 활동적이었던 젊은 시절과 똑같은 거리나 코스를 걷는 것은 부담이 된다.

노견의 산책에는 몇 가지 주의해야 할 사항이 있는데 다음 페이지에 그것을 정리해놓았다.

산책 중인 다른 개와의 접촉이 기분을 활기차게 한다.

흙냄새를 맡거나 야외에는 자연의 자극이 가득.

지금 하고 있는 산책이 적정한지 반려견의 상태를 체크한다

달리는 것을 좋아하던 개는 젊을 때와 마찬가지로 산책 중에는 힘차게 뛰어다닌다. 하지만 몸이 늙었기 때문에 격한 운동을 견뎌내지 못하고 관절이 다치거나 심장에 부담이 될 우려가 있다.

그것을 예방하기 위해서는 처음에 느릿한 페이스로 시작하다가 서서히 운동 강도를 높여가는 것이 좋다.

산책 중에는 반려견의 상태를 잘 관찰한다. 운동량이 너무 많으면 바로 멈춰서거나 녹초가 된 모습을 보이기도 한다. 그런 경우에는 짧은 코스로 바꾸는 것을 검토해보자.

또 배설만을 위한 산책이라면 반려견도 즐거울 리 없다. 도중에 휴식을 겸해 좋아하는 음식을 소량 주거나 장난감을 가져가 놀아주면 개도 즐겁게 몸을 움직일 것이다.

노견의 운동은 현재의 체력을 유지하는 것이 목적이다. 산책으로 몸을 단련시켜야지 하는 생각은 하지 말고 반려견이 걷기 쉬운 코스나 거리를 선택하여 무리하지 않는 범위에서 즐기는 것이 중요하다.

산책 중에 반려견이 지친 모습을 보인다면 쉬는 것도 중요하다. 절대로 무리해서는 안 된다.

산책에서 돌아오는 길에 안아줘야 한다면 반려견이 지쳤을 가능성도 있다.

반려견이 안심하고 걸을 수 있는 코스를 선택한다

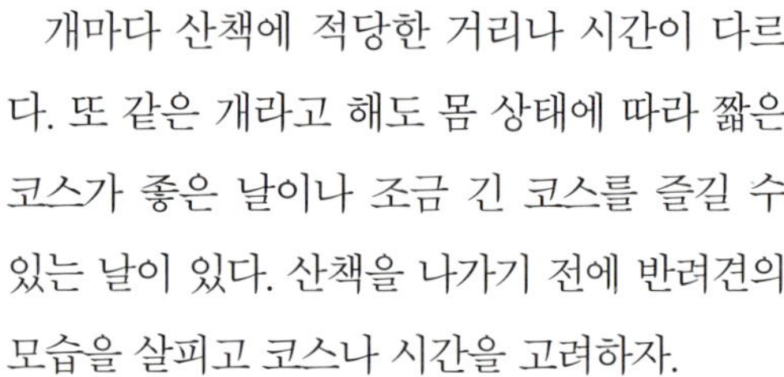

개마다 산책에 적당한 거리나 시간이 다르다. 또 같은 개라고 해도 몸 상태에 따라 짧은 코스가 좋은 날이나 조금 긴 코스를 즐길 수 있는 날이 있다. 산책을 나가기 전에 반려견의 모습을 살피고 코스나 시간을 고려하자.

이 경우 평소 몇 군데의 짧은 산책코스를 선택했다가 반려견의 컨디션이 좋은 경우에는 여러 코스를 조합해서 오래 걸을 것을 추천한다. 반대로 기운이 없어 보인다면 한 코스만 걷고 일찍 중단한다. 고령이 되면 유연성이 부족해져 새로운 것을 접하는 데 쉽게 스트레스를 받지만 평소 몇 가지 코스에 익숙해지면 안심할 수 있다.

이렇게 그날그날 반려견의 컨디션에 맞춰 산책을 하면 반려견도 무리 없이 걸을 수 있다. 단 몸 상태가 좋아 보여도 도중에 주저앉거나 후들거린다면 휴식을 많이 취하거나 산책을 중지하는 등의 임기응변이 필요하다.

거리 이외의 주의사항으로는 노견의 허리와 다리에 부담을 주는 단차나 업다운이 많은 곳, 발바닥을 다칠 위험이 있는 자갈길 등

주인은 반려견에게 알맞는 각각의 산책코스를 생각해 두는 것이 좋다.

은 가능한 코스에 포함시키지 않는 것이 좋다. 차량의 통행이 잦은 곳이나 인적, 아이들이 많은 곳도 피해야 한다.

또 여름의 더위는 노견에게 타격을 주므로 햇빛이 강한 10~14시경에는 가능한 피하고, 산책은 아침저녁으로 하고 시간이나 거리도 평소보다 짧게 한다.

걷는 장소에도 주의가 필요하다. 태양열을 흡수한 아스팔트 도로는 50℃ 이상이 되기도 하여 열사병이나 화상의 우려가 있으므로 피해야 한다. 겨울에는 따뜻한 시간대에 나가거나, 비나 바람이 센 시간은 피하는 것이 좋다.

땅을 밟으며 하는 산책은 개의 다리와 허리에 부담이 적다.

노견의 산책 코스 선택의 기본

1. 컨디션에 맞게 코스를 정한다
2. 업다운, 단차가 적은 길이 최상
3. 차나 인적이 드문 곳을 선택한다
4. 가능한 똑같은 코스가 안심할 수 있다
5. 계절, 한난에 따라 시간대를 조정한다
6. 여름철의 무더운 시간대에는 아스팔트 도로를 피한다

보조기구를 이용하여
개와 사람 모두에게 편안한 산책을

노견의 쇠약은 뒷다리에서 시작될 확률이 높으며, 걸을 때 균형을 잃고 비틀거리다가 넘어지기도 한다. 이렇게 목줄과 리드만으로는 제대로 몸을 지탱할 수 없는 경우에는 뒷다리용 하네스가 있으면 편리하다.

하네스는 복부에서 허리까지 넓은 범위로 지탱할 수 있기 때문에 뒷다리가 약해진 노견의 산책에는 최적이다. 쓰러지더라도 머리에 충격이 가해지지 않기 때문이다. 주의할 점은 하네스를 이용할 때 리드를 느슨하게 잡아서는 안 된다는 것이다. 리드를 팽팽하게 당기지 않으면 쓰러지려 할 때 지탱해줄 수가 없기 때문이다. 반려견의 바로 옆에 서서 리드를 느슨하지 않게 잡고 천천히 걷도록 한다.

보행을 보조하는 간호용 하네스(106쪽)도 있는데 왼쪽 사진처럼 에코백 등을 이용해 직접 만들 수도 있다.

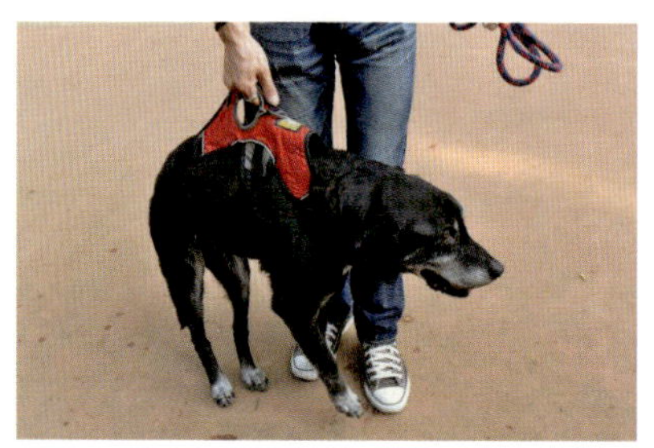

노견의 몸을 부드럽게 받쳐주는 하네스.

나일론 에코백의 양 사이드를 잘라 손수 만든 하네스.

뒷다리를 들어 올리지 못해 질질 끌면서 걷는 경우도 있는데 발등이 지면에 쓸려서 상처가 생기거나 발톱 끝이 까져서 피가 나기도 하므로 개 전용 신발을 신기거나 아기용 양말을 대용으로 삼으면 상처를 예방할 수 있다.

개 전용 신발을 고를 때에는 일어서거나 보행 시 부담을 덜어주는 '미끄럼 방지 타입'이 가장 좋다.

신발 대용품을 손수 만드는 방법도 있다. 예를 들어 왼쪽 사진의 강아지는 안쪽에 미끄럼방지 고무처리가 있는 목장갑의 손가락 부분을 잘라 신발 대신 이용하고 있다(147쪽도 참조).

보행보조용 물품을 사용하고 산책 중에는 아스팔트 도로 위는 가능한 피해 잔디나 흙 위 등 부드러운 곳을 골라 걸으면 다리의 통증을 줄일 수 있다.

뒷다리를 들어 올려 주면 산책할 수 있다.

개가 쓰러지지 않도록 목걸이를 잡으면서 안는다.

하네스에 트렁크벨트를 통과시켜 숄더 타입으로 사용한다.

걸을 수 없게 되었어도 산책은 계속하자

계속 집안에만 있다 보면 개에게도 스트레스가 쌓이니 걸을 수 없게 되었어도 어떻게든 방법을 강구해서 밖으로 데리고 나가자. 바깥공기를 쐬고 경치를 바라보거나 다른 개와 만나는 일들은 개의 마음을 환기시켜준다.

안기는 데 익숙한 소형견이라면 안고 나가면 된다. 안는 방법에도 여러 가지가 있는데 예를 들어 복부에 손을 감고 주인의 몸에 밀착시켜서 다른 손으로 목줄을 잡으면 자칫 개를 떨어뜨릴 위험이 줄어든다. 또 이동가방이나 카트에 실으면 여유롭게 산책하거나 통원할 수 있다.

안기가 힘든 대형견의 경우에는 수하물을 옮기는 카트에 매트를 깔고 편한 자세로 눕혀준다. 또 낙하방지 철책 등이 달려 있지 않은 경우 익숙해질 때까지 개를 떨어뜨리지 않도록 두 명이 데리고 나가면 안심할 수 있다.

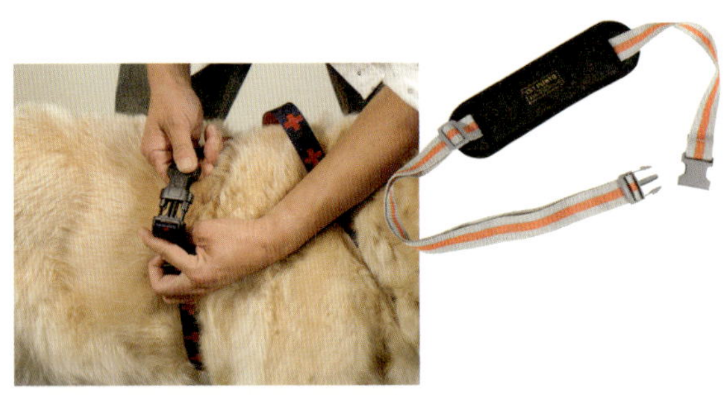

항상 나가는 장소가 아니라 이따금 다른 장소에 가는 것도 자극이 된다. 가능하다면 차에 태우고 조금 멀리 소풍을 나가보자. 대형견을 옮길 때 숄더 타입의 하네스를 사용하면 차에 태우거나 내리기가 편하다.

밖에서 배설하는 습관이 있는 개 중에는 카트가 움직이면 용변을 보는 경우도 있다. 이럴 때 매트 위에 배변패드를 깔아두면 개의 몸에 많이 묻히지 않고 해결할 수 있다. 산책 중에 배설 습관이 있는 개는 노견이 되어서도 실외와 배설이 연관 지어져 있는 경우가 많다. 이런 과거의 습관을 고려하여 보조해서 밖으로 데리고 나가면 배설을 촉진할 수 있다.

이처럼 주인이 방법을 연구하거나 용품을 사용하면 걷지 못하는 개도 산책이나 외출을 즐길 수 있다. 걷지 못하게 됐다고 해서 집안에서만 틀어박혀 지내게 하지 말고 반려견이 좋아하는 산책을 계속 시켜주자.

누워만 있는 개도 카트를 사용하면 밖에 나갈 수 있다.

노견이 되면 표정 변화가 적어지고 행동도 느려지지만 새끼 때와 마찬가지로 여전히 주인과 노는 것을 좋아한다. 주인에게 칭찬받는 것은 개에게 최고의 기쁨이기 때문에 나이를 먹더라도 주인에게 칭찬받기 위해서 새로운 것을 배우려고 애쓰는 모습을 볼 수 있다. 그렇기 때문에 노견이 되어도 재훈련이 가능하다.

뭔가를 가르치거나 함께 놀아주는 것은 노견의 뇌나 신체에 좋은 자극이 되어 결과적으로 심신의 노화를 늦추는 것으로 연결된다. 그렇다고 특별한 것을 가르치는 것은 아니니 가르친다는 표현에 부담을 갖지 않아도 된다. 어렸을 때 훈련시킨 '기다려', '앉아', '손' 등을 복습하는 것만으로도 충분하다. 그리고 잘했을 때에는 칭찬을 많이 해주면 개의 기분이 더 좋아질 것이다.

동시에 간식을 주거나 몸을 쓰다듬어주다 보면 개는 '뭔가를 하면 좋은 일이 있구나'라고 느끼기 때문에 '그럼 다음에는 뭘 해볼까?'라고 생각하게 된다.

놀이로는 탐색본능을 자극할 만한 것이 좋다. 81, 82쪽 등을 참고로 주인이 연구해보자. 탐색놀이는 머리를 사용하고 몸을 움직이기 때문에 노견에게는 최적의 게임이다.

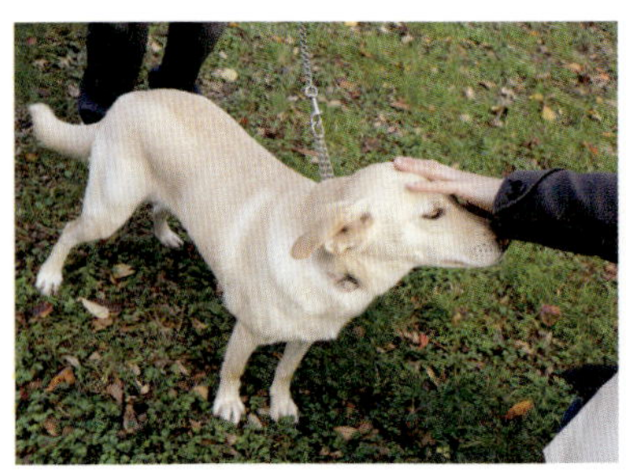

음식이 들어 있는 종이컵 골라내기

한쪽 손에 과자를 쥐고 어린아이에게 '어느 쪽에 들어 있게?'라고 묻고 맞추면 과자를 주는 게임이 있는데 이것의 개 버전이라고 생각하면 된다. 논다, 찾는다, 생각한다는 행위가 노견에게는 자극이 되어 생동감을 찾을 수 있다.

① 종이컵을 거꾸로 세우고 음식을 얹는다.

② ❶ 위에 다른 종이컵을 포갠다.

③ 똑같이 두 개를 포갠 종이컵을 나란히 놓는다.

④ 개에게 어느 쪽에 음식이 들어 있는지 선택하게 한다. 개가 음식이 담긴 종이컵을 쓰러뜨리면 먹을 수 있다.

'콩'을 이용해 심신을 자극한다

내부가 비어 있는 '콩^{KONG}'이라는 공은 노견이 가지고 놀기에도 딱 좋은 장난감이다. 비어 있는 부분에 간식을 넣으면 그것을 먹기 위해서 개는 콩을 물거나 밟는 등 움직여댄다.

이 놀이는 콩 안에 있는 음식을 쉽게 꺼내지 못하도록 하는 것이 포인트이다. 개는 음식을 어떻게든 꺼내려고 손이나 입을 열심히 사용해 굴릴 것이다. 이것은 야생동물이 사냥감을 발로 잡는 것과 똑같은 동작이기 때문에 사냥본능을 자극하기도 한다.

주인이 외출했을 때 외로움을 느끼지 않도록 이 놀이를 응용해보자.

표주박 모양의 콩. 바닥에 구멍이 뚫려 있다. 시니어용도 있다.

콩의 구멍에 건사료를 넣는다.

굴리면 음식이 나오므로 열심히 데굴데굴.

콩 안쪽에 페이스트를 넣는다.

아까처럼 쉽게 먹을 수 없기 때문에 '?' 하고 의아해하는 모습. 구멍에 혀를 넣거나 꽉 물어보면서 방법을 찾는다.

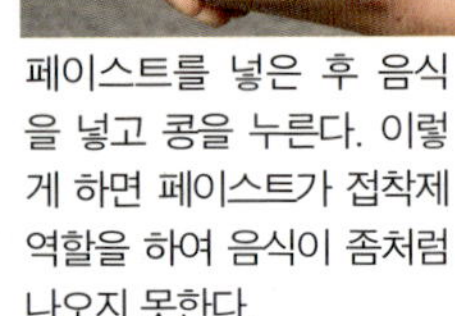

페이스트를 넣은 후 음식을 넣고 콩을 누른다. 이렇게 하면 페이스트가 접착제 역할을 하여 음식이 좀처럼 나오지 못한다.

핸드시그널도 사용해서 명령을 실행시킨다

귀가 들리지 않게 되면 주인이 말하거나 지시하는 사항을 알기 어렵게 된다. 그런 상황이 될 경우를 대비하여 핸드시그널로 지시하는 것을 가르쳐두면 고령이 된 후에도 여러모로 도움이 된다.

'엎드려'라고 말하는 동시에 손바닥을 펼쳐 아래로 내리고, '앉아'는 검지를 세워준다. 말하는 동시에 손의 움직임으로도 개에게 지시를 전할 수 있다.

핸드시그널뿐만 아니라 가슴을 크게 흔들거나 제자리걸음을 하는 등 제스추어를 사용해도 OK. 이렇게 하면 먼 곳에서도 지시를 내릴 수 있는 등 다양한 상황에서 응용할 수도 있다.

또 눈이 보이지 않게 된 경우에는 소리에 의존하게 되는데, 말로 지시를 내리는 동시에 개의 몸을 만지면 개도 안심하고 움직일 수 있다.

개는 끊임없이 주인의 행동이나 표정, 말소리에 신경 쓰고 있다. 노견이 되면 젊은 시절보다 행동이나 목소리를 크게 하고 알아듣기 쉬운 지시를 내리는 것이 좋다.

엎드려의 핸드시그널

'엎드려'라고 말하면서 손바닥을 아래로 한다.

앉아의 핸드시그널

'앉아'라고 말하면서 검지를 세운다.

수중보행으로
심폐기능을 높이고 근력강화

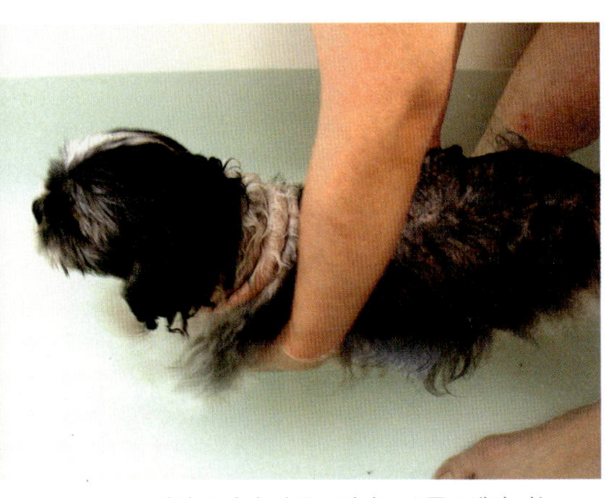

소형견은 가정 내 욕조에서도 수중보행이 가능.

물의 부력을 이용해서 운동하면 몸에 부담이 적으면서도 심폐기능을 높이고 근력을 강화하는 등 큰 효과를 얻을 수 있다. 욕조나 소형 풀장에서 수중보행을 시키는 것도 노견에게는 좋은 트레이닝이 될 것이다.

수중에서 하는 운동은 다이어트 효과도 크다. 에너지 소비량이 높고 산책이나 공원 등을 걷는 것보다 부담이 적지만 대사량은 많다. 몸이 공중에 뜬 상태에서 사지를 움직이기 때문에 다리 관절이 다치지도 않는다.

목 위쪽은 물 위로 나오게 하고 다리는 욕조나 풀장 바닥에 닿게 하여 다리를 움직이도록 살짝 재촉한다. 노견의 경우 다리가 바닥에 닿지 않은 채 몸을 띄워 다리만 움직이게 해도 운동효과가 있다. 대형견도 욕조에 찬물이나 미지근한 물을 채운 후 수중보행에 도전해보자. 소형견은 비닐 풀장에서도 수중보행을 시킬 수 있다. 개에게 수심이 깊은 곳은 주인도 함께 들어가 개의 몸을 밑에서 받쳐주면서 움직이게 한다.

개에 따라서는 수중보행에 익숙해지지 못하는 경우도 있으므로 수의사와 상담한 후에 무리하지 않는 선에서 실행한다.

동물병원 중에는 수중보행 설비가 마련되어 있는 곳도 있지만 아직 일반적이지 않다. 그것을 대신할 수 있는 것이 펫 전용 온수풀장이나 온천이다. 인터넷으로 검색하면 다양한 시설을 찾을 수 있다.

지금까지 헤엄친 적이 없기 때문에 물을 거부하고 다가가지 않는 개도 있는데 이럴 경우 억지로 물속에 넣지 않는다.

개의 허리와 다리를 잡고 바닥에는 가볍게 발을 닿게 하거나 다리를 띄운 채 걸음을 유도하여 '에어워킹'을 하듯이 지면이나 바닥 위를 걷기만 해도 노견에게는 훌륭한 운동이 된다. 또 누워만 있는 상태에서 회복하기 위한 재활 트레이닝으로도 효과가 높다 (142쪽 참조).

지면에 다리를 살짝 닿게 하여 에어워킹.

개에게는 공적인 건강보험이 없기 때문에 치료비는 전액 주인이 부담할 수밖에 없다. 일본 애니컴손보의 조사에 의하면 일본에서는 개의 의료비는 연간 평균 47,743엔(2010년), 한 달에 4,000엔이라고 한다. 이때 동물보험에 가입되어 있으면 진료비의 50~90%(보험회사, 보험료에 따라 다르다)가 지불된다.

질병에 걸리지 않더라도 고령이 될수록 동물병원에 갈 일이 많아질 것이다. 개의 컨디션 변화를 빨리 발견하는 것과 질환이 발생할 경우, 조기치료가 중요하다. 개의 하루는 사람의 4~7일에 해당하는 만큼 치료비를 걱정하다 병원에 갈 시기를 놓치면 질병이 점점 진행·악화될 우려가 있다.

우리나라에서는 삼성생명과 롯데손해보험사에 동물의료보험이 있지만 일본이나 유럽과는 달리 여러 가지 이유로 활성화되어 있지는 않다.

우리나라는 아직 동물의료보험이 활성화되고 있지 않다.

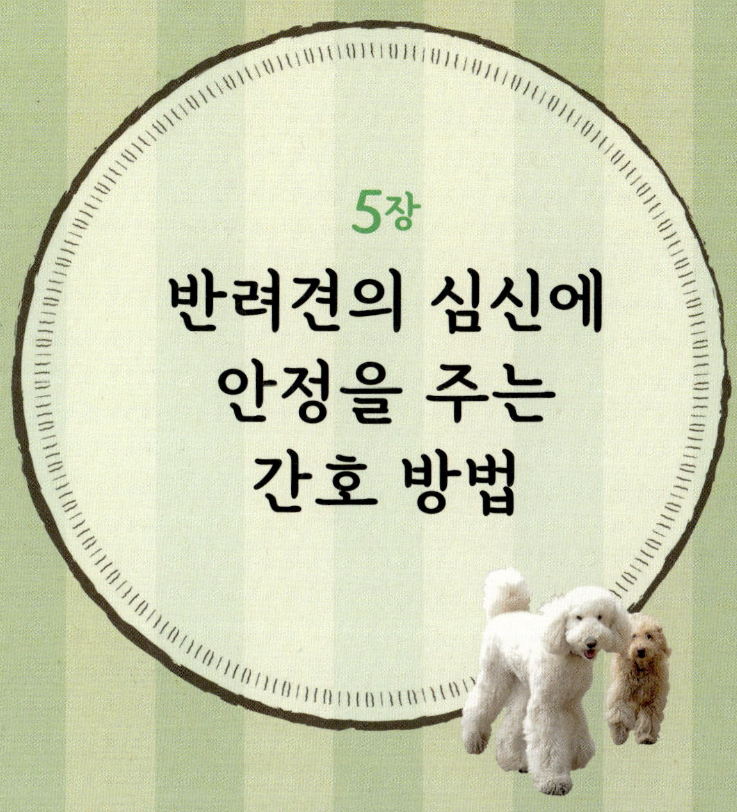

반려견의 심신에 안정을 주는 간호 방법

몸이 약하거나 치매에 걸려 간호가 필요한 노견도 있다. 올바른 지식 없이 간호생활을 시작하면 주인에게도 큰 부담이 된다. 간호에 필요한 지식, 노하우를 배워 가능한 웃는 얼굴로 반려견을 대하자.

개는 사람보다 빨리 나이를 먹는다…. 머리로는 그것을 알고 있지만 막상 반려견의 몸이 약해져 요양간호를 해야 하는 상태가 되거나 치매에 걸리면 상상 이상으로 힘들어서 금세 지치는 주인도 적지 않다. 특히 반려견이 치매에 걸려 이상행동을 보이거나 주인을 알아보지 못하면 큰 충격을 받기도 한다.

그런 강아지들을 마지막까지 후회 없이 돌보고 마주할 여유를 갖기 위해서라도 반려인은 자신의 심신을 소중히 하는 것이 중요하다.

또 간호의 기본지식을 습득하는 것 외에도 부담을 함께 나눠줄 믿을 수 있는 간호파트너나 반려견에게 맞는 편리한 간호용품을 찾아서 사용하는 것도 개와 주인의 고통을 덜어주는 데 중요하다.

반려견의 간호를 좀 더 쉽게 하기 위해서는 …

- **가정 내 역할을 분담한다**
요일이나 시간으로 간호를 나눈다. 다른 곳에 사는 가족에게도 주말만이라도 도움을 청하는 등 혼자서 끌어안지 않도록 모색한다.

- **신뢰할 수 있는 수의사를 찾는다**
반려견이 질병이나 치매에 걸렸을 때 세심하게 살펴줄 수의사가 가까이 있다면 안심. 입원도 할 수 있는지 확인하자.

- **펫시터를 의뢰한다**
프로 펫시터는 경험도 지식도 풍부하다. 자세한 상담도 할 수 있고 오랜 간호생활의 든든한 파트너가 될 수 있다.

- **간호용품을 잘 사용한다**
편리한 용품도 많이 시판되고 있다. 반려견의 증상에 맞는 것을 찾아보자(간호용품 소개는 106~107쪽).

식사 보조의 기본

식기는 받침대에 올려서

노견이 밥을 먹을 때 삼키기 쉽도록 배려한다.

식기를 바닥에 놔두면 먹을 때 고개를 숙여야 하기 때문에 입의 위치가 식도나 위보다 아래에 있다. 삼키는 힘이 약해진 노견에게는 부담이 커질 수밖에 없다. 또 다리와 허리의 힘이 없는 개에게 앞다리로 버티는 자세는 힘에 부치거나 목에 통증이 생겨 식욕이 떨어지기도 한다. 자력으로 설 수 있다면 식기 밑에 받침대 등을 놓아 머리를 많이 숙이지 않아도 먹을 수 있도록 해주자. 이때 받침대 위에 놓아둔 식기가 밀려서 떨어지지 않도록 받침대의 형태나 소재를 고려한다. 미끄러지지 않도록 미끄럼방지 매트를 부착하는 등의 배려도 필요하다.

시중에 다리가 딸린 전용 식기가 판매되고 있지만 굳이 구입하지 않아도 된다. 받침대나 종이박스, 철제 밥그릇 세트 등 먹기 쉬운 위치에 식기를 놓을 수 있고 안정감이 있는 것이면 무엇이든 대용할 수 있다. 생활용품점 등에서도 구입할 수 있다.

고개를 많이 숙이지 않아도 먹을 수 있는 높이에 식기를 세팅한다.

1회 먹는 양을 줄이고, 횟수를 늘린다

즐거운 식사 시간이다. 원기 왕성한 노견은 순식간에 다 먹어치우기 마련이다! 즐거운 시간을 늘리기 위해서는 식사를 자주 하는 것도 한 가지 방법이다. 1일 4~5회로 나누어 급여하면 식사량이 적더라도 횟수가 늘어나기 때문에 공복감이 희석된다. 식사 시 가족과 함께 할 기회도 늘기 때문에 정신적으로도 좋은 영향을 미친다.

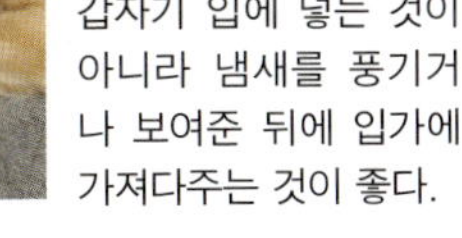

갑자기 입에 넣는 것이 아니라 냄새를 풍기거나 보여준 뒤에 입가에 가져다주는 것이 좋다.

상체를 일으켜 준다

서서 먹기 힘든 경우에는 누워 있는 상태에서 조심스럽게 상체를 일으켜 먹게 한다. 누워만 있으면 음식이 위까지 가기가 어렵다. 상체를 세우면 입보다 위가 아래에 오기 때문에 음식물이 부드럽고 안전하게 위까지 도달한다.

입가에 조금씩 가져다준다

엎드린 자세를 하고 있는 경우에는 식기를 먹기 쉬운 위치에 가져간다. 엎드리지 못하는 경우에는 상체를 일으켜 받치면서 먹게 한다. 대형견은 쿠션 등을 받쳐서 기대게 하면 좋다.

식기로는 먹기 힘들어한다면 숟가락이나 손으로 조금씩 입가에 가져다준다.

턱은 너무 들어 올리지 않는다

상체를 일으킨다고 해서 턱을 수직으로 들어 올려 음식물을 넣어줘서는 안 된다. 자칫 음식물이 기관지로 넘어가면 매우 위험하다! 턱은 너무 위로 향하게 하지 말고 입 옆으로 조금씩 음식물을 넣어준다. 건사료뿐만 아니라 유동식도 같은 방법으로 급여한다.

유동식·물은 실린더 등을 이용

건사료를 으깨어 미지근한 물에 불리면 유동식이 된다. 이것을 사육용 실린더나 드레싱 용기 등에 넣어 입 옆으로 천천히 먹인다. 물도 같은 방법으로 먹일 수 있다.

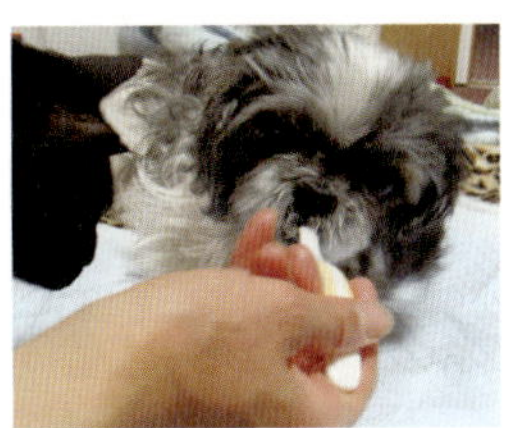

숟가락으로 입 옆으로 조금씩 넣어준다.

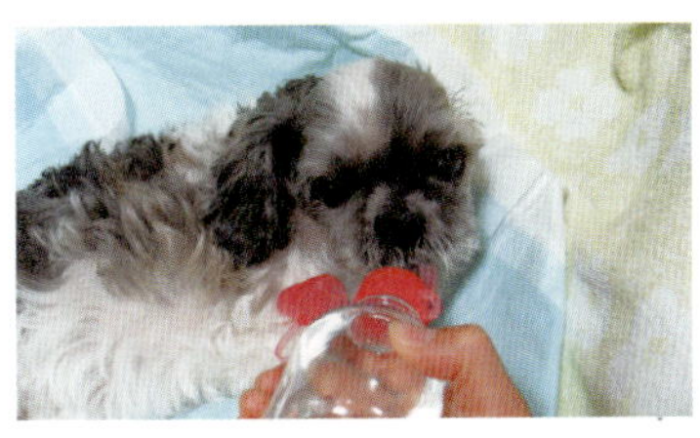

드레싱 용기로 물을 먹인다.

배설 보조의 기본

배설 시 손이나 도구로 받쳐준다

노견의 배설보조에서 힘든 경우가 중·대형견이다. 체중이 무거운 만큼 다리와 허리가 약해지면 대소변을 볼 때 허리를 내리는 엉거주춤한 자세를 지속하지 못하고 비틀거리거나 배설물 위에 주저앉는 경우가 있다.

또 배설 자세는 관절에 부담을 주기 때문에 관절염 등의 질병이 있는 경우 통증을 피하기 위해서 대소변을 참기도 한다. 개의 몸은 사지가 아래쪽으로 향해 있기 때문에 방광 밑이 요도의 출구보다 아래에 있고 원래 노폐물이 쌓이기 쉬운 구조이다. 소변을 통해 체내의 노폐물이 밖으로 배출되는데 소변을 참아서 노폐물이 쌓이는 상태가 지속되면 방광염에 걸릴 확률이 높아진다. 따라서 노폐물을 제대로 배출하려면 소변을 잘 봐야 한다.

다리와 허리가 약해지고 배설 시 자세가 힘들어 보인다면 주인이 뒤에서 허리를 받쳐준다. 받치기가 곤란한 대형견에게는 수건이나 하네스 등을 보조로 사용하면 좀 더 편하게 보조할 수 있다.

배설 시 다리와 허리 서포트 방법

뒷다리를 받쳐주는 하네스를 사용해서 배설을 서포트.

개의 허리에 손을 감고 받쳐준다.

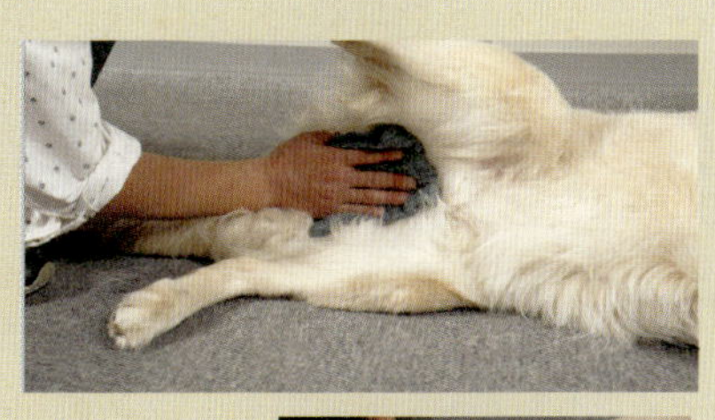

배설 후 더러워 진 부분을 깨끗 이 닦는다.

몸에 배설물이 묻지 않도록 청결하게

주인의 보조로 배설하면 혼자 힘으로 배설했을 때와 자세가 달라 배설물이 몸에 묻기도 한다. 특히 암컷은 뒷다리, 수컷은 앞다리에 소변이 튀거나 대변이 묻기 쉽다. 배설 후에는 배설물이 묻은 부분을 닦아준다.

기저귀를 사용하는 경우

사람용 기저귀 사용도 가능

　노견이 되어 화장실 실수가 잦아졌다면 기저귀 사용을 고려해보자. 강아지용 기저귀가 시중에서 판매되고 있지만 사이즈만 맞으면 사람용 기저귀(테이프 타입)도 상관없다. 유아용은 소·중형견에게 적합하고, 성인용은 대형견에게 사용할 수 있다. 개의 경우 사람과 달리 테이프 부분이 등 쪽에 오도록 채운다. 미리 꼬리가 통과할 구멍을 내는 것을 잊어서는 안 된다. 소변이 나오는 부분에 여성용 위생용품을 세팅해두면 소량의 소변 시에는 기저귀 전체가 아니라 그것만 교체하면 되기 때문에 간편하고 경비도 절감된다.

　장모견은 항문이나 다리 주변의 털을 밀면 배설 후 뒤처리를 하기 쉽고 피부병이나 습진 등을 예방할 수 있다.

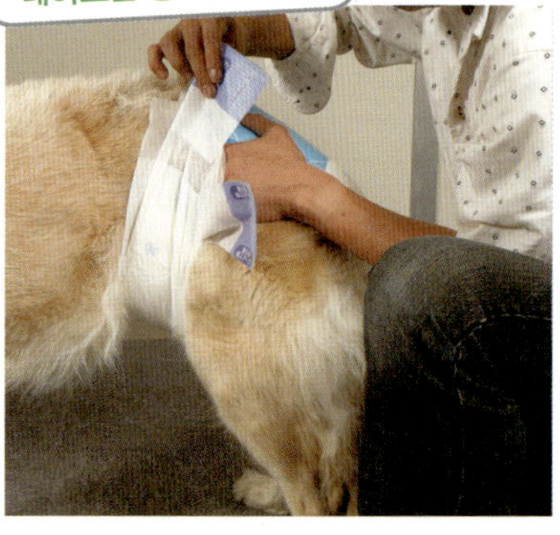

테이프는 등 쪽에 온다

사람이 사용하는 기저귀는 배 쪽에서 테이프를 봉하게 되어 있지만 개의 경우에는 다리가 닿지 않은 등 쪽에서 채운다.

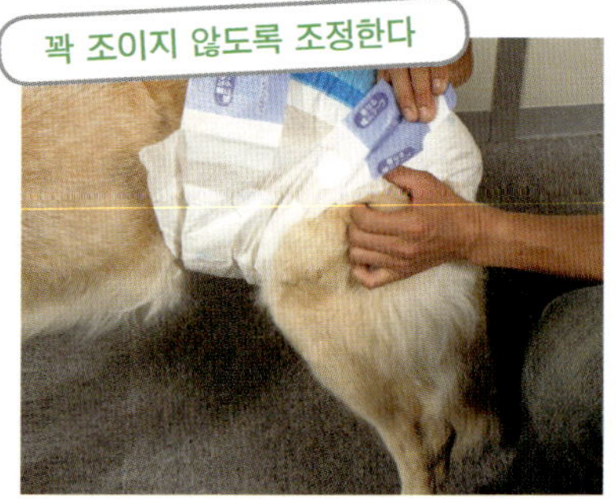

꽉 조이지 않도록 조정한다

배설물이 새지 않도록 배와 다리는 딱 맞게 채워야 하지만, 개가 괴로울 정도로 꽉 조이지 않도록 신경 쓴다.

사람용 기저귀를 사용하는 경우

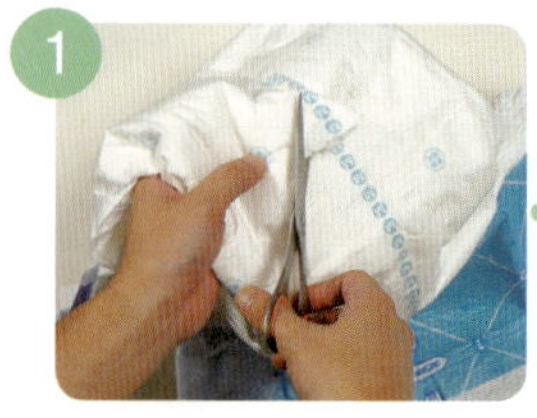

1 기저귀의 꼬리 부분(개의 꼬리가 오는 부분)에 삼각형으로 칼집을 넣는다.

2 내부의 흡수제가 새어나오지 않도록 칼집에 테이프를 붙인다.

3 완성된 모습

개에게도 주인에게도 부담이 적도록
화장실 환경을 개선한다

밖에서 배설하는 습관이 있는 개의 경우에는 걷지 못하게 된 후에도 배설을 할 때마다 밖에 데리고 나가야 한다. 소형견이라면 몰라도 대형견을 하루에 몇 번씩 밖에 데리고 나가는 것은 엄청난 노동력을 요한다. 실내에서 배설시키기 위해서는 새끼 때부터 실내 화장실에도 익숙해지는 것이 바람직하지만 노견이 되어도 가르칠 수는 있다. 반려견을 위해서 실내화장실이나 배변패드를 준비해두자.

밖에서 배설할 때 '하나둘, 하나둘' 하고 반복하다 보면, '하나둘' 하고 말할 때 배설을 하게 된다. 이것을 실내에서도 응용하여 주인이 말을 하면 개도 '화장실이구나'라고 인식하기 때문에 배설 타이밍을 도모하기 쉽다.

이전부터 실내화장실을 사용하던 경우에는 개가 항상 지내는 근처로 화장실을 옮겨서 거리를 단축시키거나 화장실 자체를 큰 것으로 바꾸어주면 실수가 줄어든다.

하우스 가까이 화장실을 놓아둔다.

방의 코너에 화장실을 놓아둔다.

누워 지내는 경우

원활한
배설을
촉진하는

1 변비 예방·해소

개도 변비 때문에 괴로워할 수 있다. 특히 노견은 항문 주변의 근력이 저하되어 배변력이 떨어지거나 장운동이 약해져서 변비가 되는 케이스가 많다. 식사를 보통으로 하는데도 2~3일 변을 보지 않는 경우 배에 쌓여 있던 숙변이 발효되어 가스가 쌓이거나 복통을 일으키는 등 질병의 리스크도 높다. 변비가 계속되거나 배가 부어오른 경우 수의사의 진단을 받고 빨리 대책을 세우도록 한다.

사람과 마찬가지로 변비 예방·해소에 가장 좋은 방법은 식이섬유가 풍부한 식사를 하는 것이다. 양배추나 단호박 등을 잘게 썰거나 으깨어 음식에 섞어준다. 닭고기 삶은 국물 등을 넣어 수분을 많게 해도 좋다. 단 식이섬유를 지나치게 섭취하면 변이 단단해져 오히려 변비에 걸릴 수도 있으므로 개의 상태를 살피면서 조절한다.

그 밖에도 식후나 물을 마신 후에 미지근한 물로 적신 거즈나 천 조각으로 항문을 자극하는 방법이 있다. 또 배를 시계방향으로 마사지해서 대장을 자극하면 배변을 촉진하는 효과가 있다.

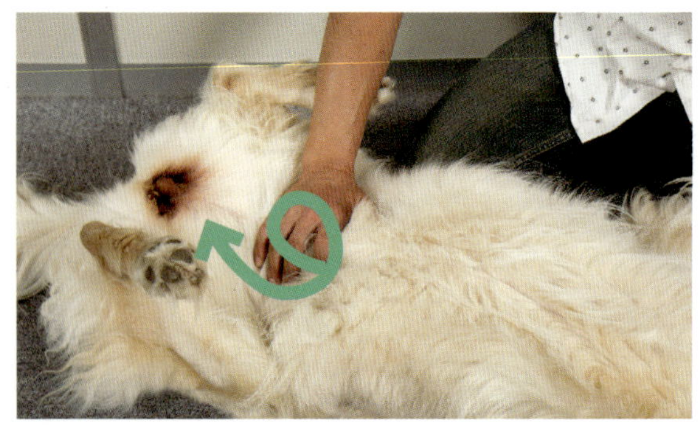

변비가 계속된다면 시계방향으로 원을 그리듯이 배를 마사지해보자.

대변이나 소변 배출

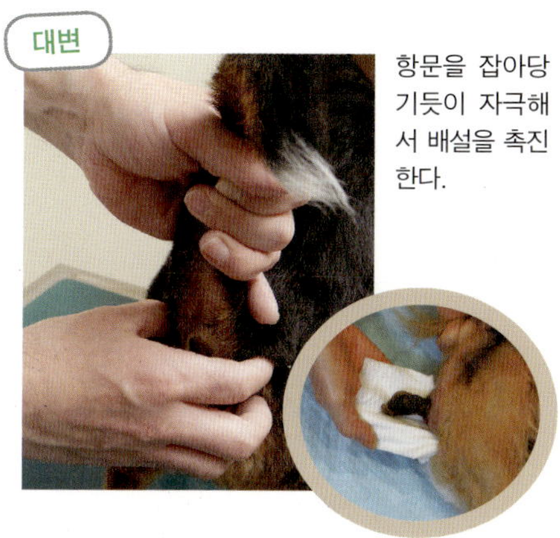

항문을 잡아당기듯이 자극해서 배설을 촉진한다.

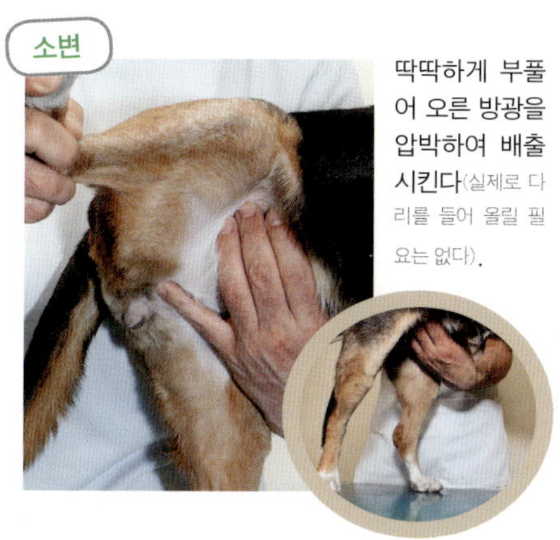

딱딱하게 부풀어 오른 방광을 압박하여 배출시킨다(실제로 다리를 들어 올릴 필요는 없다).

개의 배 위로 대장 부분을 만지면 변이 쌓여 있는 부분을 알 수 있으므로 사진처럼 손으로 항문을 누른다. 항문 근처에 변이 와 있는 경우에는 항문을 잡아당기듯이 끄집어낸다. 처음에는 어렵겠지만 수의사에게 배우면 요령이 생길 것이다.

수컷의 방광은 뒷다리 안쪽보다 앞쪽에 있고 암컷은 약간 뒤쪽에 있다. 소변이 쌓이면 방광 부분의 하복부가 딱딱하게 붓기 때문에 소변을 짜내듯이 살짝 세게 압박한다. 노폐물이 쌓이지 않도록 하기 위해서도 소변을 잘 배출하는 것이 포인트이다(92쪽 참조).

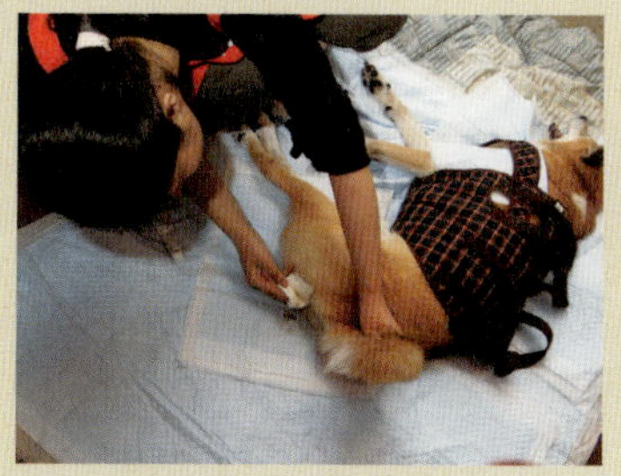

배설했을 때에는 배변패드를 바로 교체하고 몸을 깨끗이 닦는다.

배변패드는 자주 교체해 청결하게 유지한다

누워 지내게 되었다면 개가 누워 있는 장소에 배변패드를 깔아둔다. 소변이 나오는 위치를 고려하여 (위의 '소변' 참조), 암컷은 엉덩이 근처, 수컷은 배 주변을 중심으로 깐다. 또 배변패드 밑에 방수시트나 목욕수건 등을 깔면 더욱 청결하게 유지할 수 있다. 몸에 불순물이 묻은 경우 젖은 타월이나 물수건 등으로 닦아준다.

욕창에 대한 기초지식

스스로 몸을 움직이거나 뒤집지도 못하고 누워만 지내는 상태가 된 대부분의 개들은 욕창에 시달리게 된다.

욕창이란 장시간 같은 곳에 체중이 실려 혈액순환이 나빠져 피부나 심부의 조직이 괴사하면서 발생하는 질환을 말한다. 뼈가 튀어나온 부분(뺨이나 견갑골, 허리, 무릎, 발뒤꿈치 등)에 일어나기 쉽고, 특히 체중이 무거운 중·대형견은 발병률이 높기 때문에 주의가 필요하다. 누워 지내게 된지 며칠 만에도 욕창이 생길 수 있다.

욕창 초기에는 압박된 부분의 털이 옅어지거나 피부가 빨갛게 짓무르는 모습을 볼 수 있다. 증상이 진행되면 곪으면서 질펀한 침출액에 나오며 피부에 구멍이 뚫린다. 괴사가 속까지 진행되어 뼈가 보이거나 세균에 감염되어 증상이 더욱 악화되는 경우도 있다.

따라서 누워만 지내게 되면 제일 먼저 욕창부터 예방해야 한다! 욕창이 생긴 뒤에 손을 써봐야 치료하는 데 시간이 걸리기 때문에 침구에 신경 쓰거나 자주 뒤집어주는 등(왼쪽 페이지 참조) 주인이 먼저 반려견을 지켜야 한다.

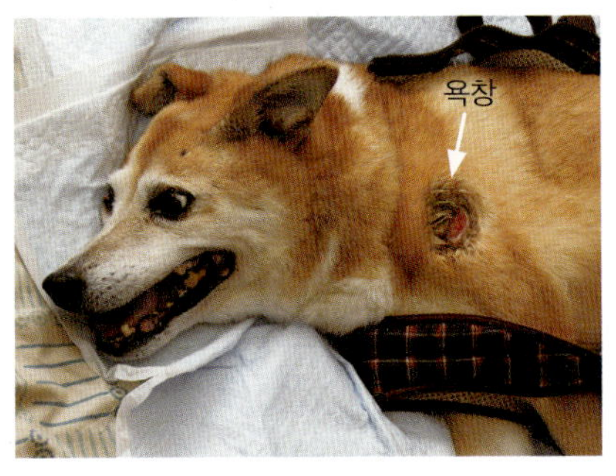

욕창을 예방하기 위해서는 압력이 같은 장소에 닿는 시간이 가능한 짧도록 자주 뒤집어주는 것이 기본이다. 앞다리와 뒷다리를 잡고 등뼈를 축으로 해서 천천히 반대쪽으로 회전시킨다.

2~3시간 간격으로 뒤집어주는 것이 가장 좋지만, 하루 종일 붙어 있을 수 있는 주인은 얼마 없기 때문에 좀처럼 실천하기 어렵다.

그런 경우 뒤집는 방법 외에 피부에 대한 압박을 낮추는 방법도 생각해보자. 침구로는 체중을 분산시킬 수 있는 저반발이나 하니컴 구조(107쪽 참조)의 매트리스나 기포시트를 추천한다. 그 위에 방수시트나 배변패드를 포개어 깔고 더러워지면 바로 교체할 수 있게 한다.

욕창이 생기기 쉬운 부분에는 욕창방지용 보호재(107쪽 참조)를 대주기도 한다.

주의!

식후 바로 뒤집는 것은 NG!

식사 직후에 몸을 뒤집으면 위의 내용물이 역류하여 구토할 수도 있으므로 식후 1시간 정도는 삼간다.

뒤집기 보조의 기본

앞다리와 뒷다리를 동시에 잡는다.

등뼈를 기준으로 몸의 방향을 반대쪽으로 바꾼다.

팔다리를 살짝 내려놓는다.

욕창이 생겼어도 초기 단계라면 치료하기 쉽다. 욕창이 생기기 쉬운 부분을 자주 체크하여 피모가 옅어지거나 피부에 붉은 기가 생겼다면 바로 동물병원에서 진찰받도록 한다.

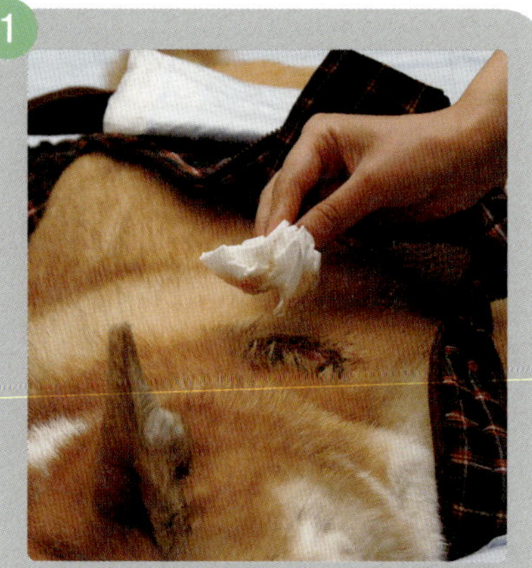

일단 상처의 불순물을 제거한다. 문지르지 말고 미지근한 물에 적신 거즈로 부드럽게 닦아낸다. 진행을 막기 위해서 체중의 압력이 상처 쪽에 집중되지 않았는지 다시 체크한다.

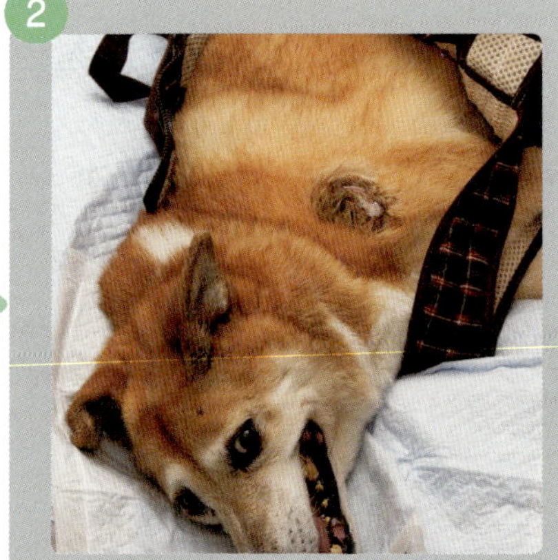

세균감염을 방지하기 위해서 상처 주변의 털을 이발기로 자르는 것도 중요하다. 생식기나 항문 주변에 욕창이 있는 경우에는 상처가 오염되지 않도록 배설물 처리를 확실히 하여 청결을 유지해야 한다.

③

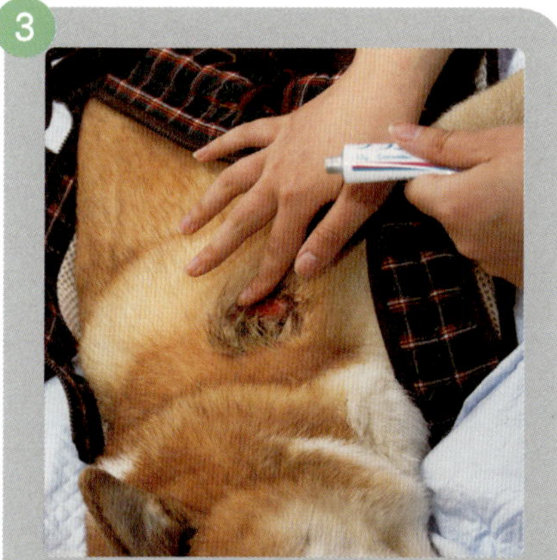

상처가 건조하면 치료가 더뎌진다. 그래서 보습효과가 있는 크림 등을 발라 습기를 유지하는 것이 중요하다. 상처에 거즈를 붙이면 상처에서 나오는 침출액이 거즈에 스며들어 습기가 유지되지 않으므로 삼가야 한다.

상처는 습기를 유지할 수 있는 것으로 덮는다

환부의 습기를 유지하기 위해서는 흡수성이 없는 식품용 랩을 이용할 수 있다. 상처에 랩을 붙이면 침출액이 골고루 퍼져서 피부의 재생이 매끈하게 진행된다.

여분의 침출액을 제거하려면 그 위에 배변패드를 대고 다시 붕대로 살짝 감아준다. 이렇게 하면 상처의 습기가 유지되어 치료가 빨라진다.

중 · 대형견 이동의 기본

주인이 다치지 않도록 안는 방법

스스로 일어서지 못하는 중·대형견은 안아서 옮겨야 한다. 이때 신중히 하지 않으면 허리를 삐거나 반려견을 떨어뜨릴 수도 있다. 그런 사태를 피하기 위해서라도 올바르게 안는 방법을 익혀두자.

먼저 움직이기 전에 반려견에게 다정하게 말을 걸어준 후 누워 있는 반려견의 등 쪽에 앉아 양팔을 반려견의 몸 밑으로 넣는다. 그 상태에서 반려견의 배를 압박하지 않도록 조심하면서 앞다리와 뒷다리의 사이를 받친다. 개의 몸을 가슴으로 받아들이듯이 안고 한쪽 무릎을 세운 후 바닥과 수평이 되도록 천천히 들어올린다. 내려놓을 때에도 마찬가지로 천천히 한쪽 무릎을 꿇은 뒤에 반려견을 눕힌다.

들어 올리는 방법

① 누워 있는 반려견의 등 쪽에서 배로 손을 집어넣는다.

② 한쪽 무릎을 세우고 바닥과 수평이 되도록 들어 올려 안는다.

③ 허리를 다치지 않도록 똑바로 일어선다.

내려놓는 방법

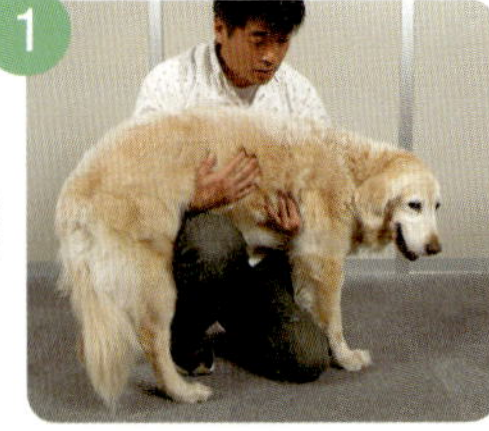

① 세운 무릎 위로 천천히 내려놓는다.

② 개의 배에 손을 감은 채 눕힌다.

③ 천천히 손을 빼낸다.

담요 등을 들것 대신으로

교통사고를 당하거나 갑자기 질병이 악화된 경우에는 먼저 동물병원에 연락하여 수의사의 지시를 따른다. 긴급수술이나 특별한 치료가 필요하다고 한다면 병원까지 신중하게 옮겨야 한다.

둘이서 옮기는 경우에는 들것 대신에 커다란 수건이나 담요, 상의 등을 펼쳐서 사용한다. 수건 등의 위에 개를 살짝 눕히고 양쪽에서 천천히 들어올린다. 가능한 개의 몸 가까운 쪽을 잡는다.

조금이라도 빨리 옮기려고 서두르다가 이동 중에 개를 떨어뜨리지 않도록 침착하게 상대와 타이밍을 맞추면서 옮겨야 한다.

아주 가까운 곳이라면 하네스를 이용해서 옮길 수도 있다.

안을 때와 마찬가지로 주인은 허리를 다치지 않도록 앉은 상태에서 개를 들어올린다(이 하네스는 78쪽에도 등장한다).

둘이서 호흡을 맞춰서 안전하게 옮긴다.

누워 지내는 반려견
케어의 기본

반려견이 누워 지내게 되면 욕실에 데려가 샤워기로 씻어주는 것만으로도 피로가 몰려든다. 하지만 반려견의 청결과 건강을 위해서는 몸의 손질을 거를 수 없다. 이때 노견의 체력이 소모되지 않도록 단시간에 재빨리 마쳐야 한다. 주인 혼자서 샤워를 시키기 힘든 대형견도 배설물 등으로 몸이 지저분한 경우에는 목욕을 시켜 피부 트러블을 예방하는 것이 좋다(샴푸 방법은 50~51쪽도 참조).

욕실 바닥에 바스 매트나 발 등을 깔고 그 위에 개를 눕힌다. 얼굴 아래로 미지근한 물을 끼얹고 샴푸로 거품을 내어 씻긴다. 미지근한 물에 미리 샴푸를 풀어 어느 정도 거품을 낸 후에 끼얹어도 된다. 얼굴은 젖은 수건으로 닦아준다.

비뇨기나 항문 주변의 오염물이 심한 경우에는 베이비 바스나 커다란 세면기 등에 따뜻한 물을 담아 부분욕을 시키는 방법도 있다.

샴푸 후에는 수건으로 물기를 닦아내고 드라이기를 저온으로 설정해 재빨리 말린다.

샴푸가 어려운 경우에는 젖은 수건으로 몸을 닦아주는 방법이 있는데, 지저분해지기 쉬운 하복부는 특히 정성껏 닦아준다. 습기가 남지 않도록 마지막에는 마른 수건으로 닦아낸다.

털이 긴 개는 귀 주변이나 겨드랑이, 다리 안쪽에 털이 뭉치기 쉬우므로 정기적인 빗질이 필요하다. 샴푸보다 몸의 부담이 없으므로 빗질을 자주 해주는 것이 포인트. 털이 뭉치기 쉬운 부분은 짧게 잘라주면 좋을 것이다.

몸에 난 구멍 부위는 특히 지저분해지기 쉽다. 귀·입·눈·코·항문·생식기는 자주 닦아주도록 한다. 배설물이 묻기 쉬운 생식기나 꼬리 주변도 오염물이 남지 않았는지 체크한다.

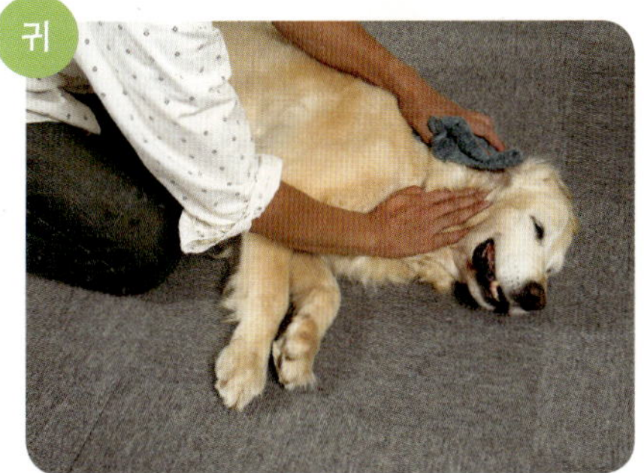

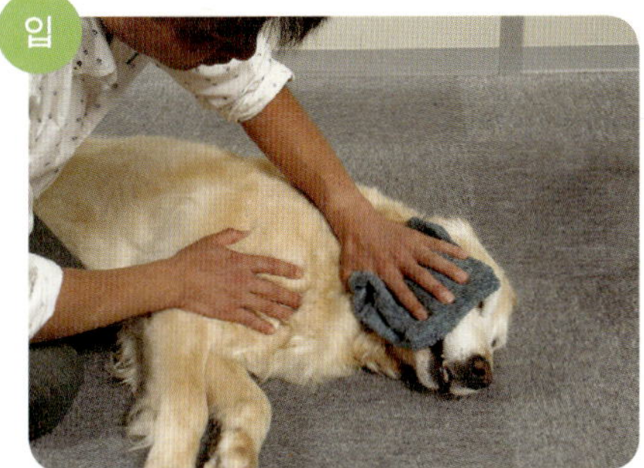

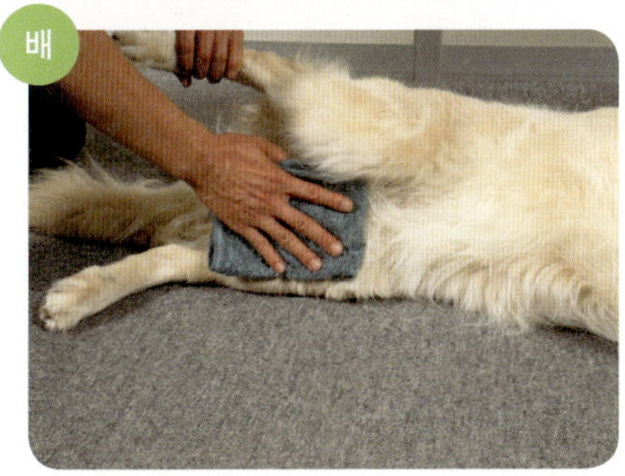

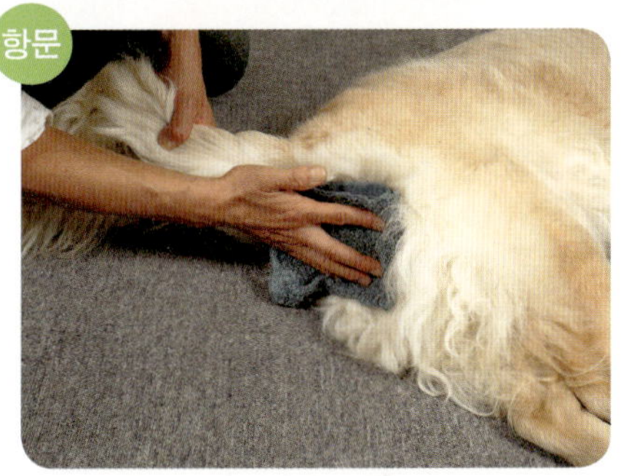

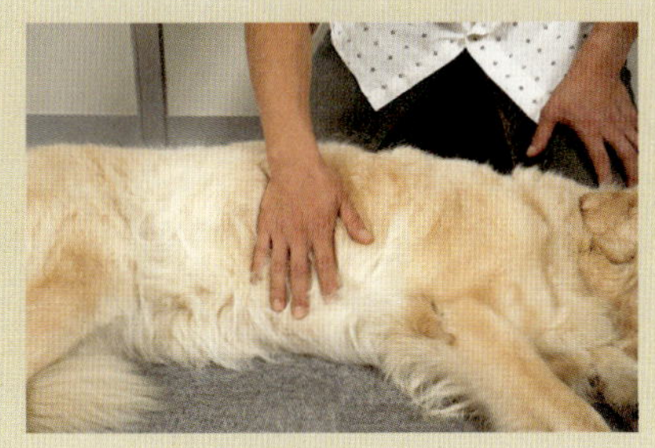

젖은 수건도 싫어한다면 손으로라도

빠진 털이나 오염물 제거에는 주인이 젖은 손으로 몸을 쓰다듬어주는 것만으로도 효과가 있다.

반려견을 위한
편리한 **간호용품**

반려견의 고령화에 맞춰 시중에 판매되는 간호용품도 계속 등장하고 있다. 그중에서 편리한 제품을 엄선하여 소개하고자 한다. 반려견에게는 안정을 주고 주인에게는 편리한 제품을 잘 사용하여 길어질 수도 있는 간호생활에 대비하자.

주로 뒷다리를 지탱하는
보행보조 하네스

착용한 상태에서 배설할 수 있는
'2터치 케어 하네스'(암수 겸용)

쿠션감이 있는 멀티 매트

충격을 흡수하고 잘 미끄러지지 않기 때문에 좀 더 편하게 설 수 있는 멀티 매트

산책이나 통원에
편리한 간호용 카트

대형견(체중 35kg 정도까지)의 통원이나 산책을 편하게 해주는 '간호용 산책 카트'

양면으로 수분을 재빨리
흡수·확산하는 소취&방수 매트

오줌을 싸도 바로 흡수하고
빨아서 쓸 수 있는 수퍼 매트

입고 잘 수 있는 하니컴 조끼

일어서거나 보행보조에 하루 종일 사용
할 수 있는 '입은 채 잠을 자는 하니컴 조
끼'(안쪽이 총 하니컴)

편리한 포켓 간호복

발등의 굳은살 예방도 가능하고 따뜻한
'팔 하니컴&카이로포켓이 달린 긴 소매 T'

욕창방지용 덧대는 하니컴

개의 몸, 옷 등 다양한 곳에 붙여서 사용
할 수 있는 욕창방지용 '어디에나 덧대는
하니컴'

욕창방지와 안고
이동하는 하니컴 매트

두께가 있는 하니컴을 사용한 '3WAY 안
는 하니컴 매트'(숄더 장착)는 어느 부위도
압박하지 않는 우수한 매트이다. 35kg
정도의 개까지.

하니컴이란?

공기를 대량으로 머금은 입체 편물로, 수많은 섬유가 스프링 역
할을 하여 탄력이 있으며 체압을 분산시킨다. 사람의 간호용품으
로도 많이 이용되고 있는 고기능 소재이다.

개도 노화가 진행되면 그때까지 볼 수 없었던 행동을 하는 경우가 있다. 흔히 알려져 있는 것이 사람과 비슷한 치매이다.

한밤중에 단조로운 목소리로 계속 운다, 같은 곳을 빙빙 돈다, 화장실 실수가 많아진다, 이름을 불러도 반응하지 않는다, 주변에서 무슨 일이 일어나는지 무관심하다, 이전까지 할 수 있었던 것들을 하지 못하게 된다 등의 증상이 반복된다.

이유는 밝혀지지 않았지만 치매는 시바이누나 일본계 믹스에게 많이 발병한다고 한다.

근본적인 원인이 알려지지 않았기 때문에 지금 단계에서는 치료 방법이 없고, 완치는 기대할 수 없지만 EPA(에이코서펜다엔산), DHA(도코사헥사엔산) 등의 보조제를 투여하면 개선이 보인다는 보고도 있다.

개도 치매가 걸린다는 사실은 널리 알려져 있지만, 막상 자신의 반려견이 그렇게 되면 나이를 먹어서 제멋대로 된 거라고 오해하거나 매일 밤 우는 소리에 괴로워하는 등 잘못된 반응을 하는 주인도 있다. 하지만 그것은 오히려 개에게 스트레스가 되어 치매를 더욱 진행시키기도 한다.

또 다른 질병이 원인이 되는 문제행동도 생각할 수 있다. 불러도 반응하지 않는 것은 귀가 어두워졌기 때문일지도 모른다. 실내에서 실수를 하는 것은 방광염 등의 가능성도 있다. 치매라고 생각되는 행동이 보인다면 그런 판단까지 포함해서 수의사에게 진단을 받아보자. 치매가 아닌 다른 질병에 걸린 것이라면 증상이 좋아지면 이상행동이 개선되기도 한다.

치매인 경우에도 초기라면 진행을 늦출 수 있다. 현실을 인정하고 사랑하는 반려견을 위해 조금이라도 개선할 수 있는 방법을 강구해보자.

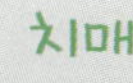

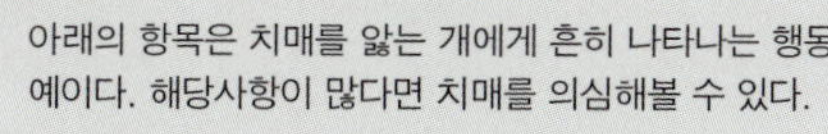

치매 항목

아래의 항목은 치매를 앓는 개에게 흔히 나타나는 행동
예이다. 해당사항이 많다면 치매를 의심해볼 수 있다.

- 낮에 일어나지 못하고 밤에 돌아다닌다.
- 식욕이 왕성해서 많이 먹어도 전혀 살이 찌는 기색이 없다.
- 곳곳에 배설을 하거나 자는 상태에서 배설한다.
- 주인이 이름을 불러도 반응하지 않는다.
- 같은 곳을 빙빙 돈다.
- 뒷걸음질을 치지 못한다.
- 방구석에 머리를 박은 채 움직이지 않는다.
- 대부분의 훈련(코멘트)을 기억하지 못한다.

밤에 우는 것을 예방하려면 생활리듬부터 개선해야

치매 증상 중 많은 주인들이 괴로워하는 것이 밤에 우는 것이다. 먼저 컨디션이 무너지지는 않았는지 춥지 않은지 잠자리가 마음에 들지 않는지부터 체크해보자. 분명한 이유가 있다면 그것부터 해소한다.

개의 치매에서 흔히 볼 수 있는 특징으로는, 밤낮의 활동이 뒤바뀌어 낮에는 계속 잠만 자고 밤이 되면 우는 케이스이다.

이 경우 가장 우선적인 대처 방법은 하루 종일 운동을 시키거나 함께 놀아주는 것이다. 햇빛을 받으면 멜라닌이라는 체내호르몬이 자극을 받아 체내 시계가 수정되면서 밤낮이 바뀌어 개선된다고 한다(72쪽도 참조). 또 낮에 자더라도 밝은 곳으로 옮겨서 일어나면 놀아주는 등 잠을 깨우는 방법도 모색해보자.

낮 동안에 가능한 활동량을 늘리거나 좋은 자극을 주면 밤에는 녹초가 되어 곯아떨어지는 생활 사이클로 돌아갈 것이다.

하우스를 밝은 곳으로 옮기거나 운동시키면 밤에 울지 않게 된다.

화장실 실수는 야단치지 말고 부드럽게 대응한다

배설실수가 증가하는 것도 치매의 대표적인 증상이다. 치매는 재훈련의 효과를 기대하기 어려운데다 화장실을 잊어버리게 되거나 소변이 쌓이는 감각이 둔해져 새는 것은 야단을 쳐봐야 낫지 않는다. 증상이 진행되면 화장실 이외의 여러 장소에서 배설하게 된다. 실수로 더러워져도 상관없도록 미리 대책을 세워 두자.

부분적으로 벗겨낼 수 있는 타일 모양의 카펫이라면 더러워진 부분만 빨 수 있어 편리하다. 배설하지 않았으면 하는 장소에는 게이트를 설치에 들어가지 못하게 한다. 또 배변패드를 깔아두면 바닥이 더러워질 걱정을 하지 않아도 된다.

기저귀를 착용시키는 경우에는 짓무르거나 더러워져 피부병에 걸리지 않도록 배설 시간을 가늠하여 자주 교체해준다.

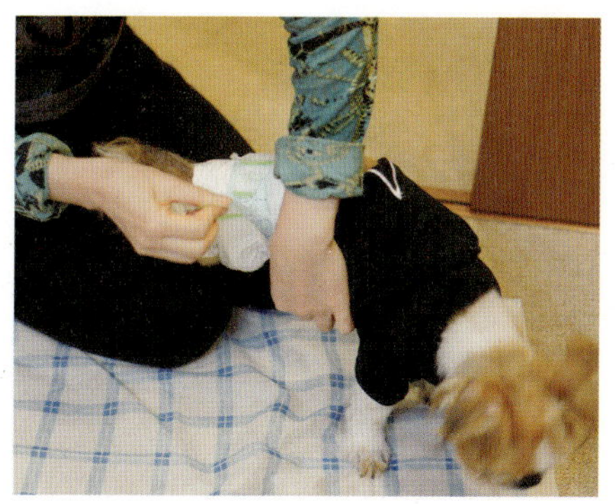

기저귀 사용을 고려한다.

지저분한 부분만 떼어내어 씻을 수 있는 타일카펫도 편리.

보행이상을 고려한 실내정비

치매에 걸리면 똑바로 걷지 못하고 같은 곳을 빙빙 돌거나 뒷걸음질을 치지 못하는 등 보행이상이 발견되기도 한다. 그러다 보면 방의 코너나 가구와 가구 사이의 틈새에서 움직이지 못하는 경우도 있다.

빙빙 도는 경우에는 바스 매트 등을 깔고 원형 서클을 만들어 생활하게 하면 위험한 곳으로 이동할 걱정이 없다. 시중에 판매되고 있는 원형 서클이 있으며, 소형견이라면 베이비서클을 사용하거나 어린이 비닐 풀장을 서클 대신 사용해도 된다.

후진을 하지 못하고 계속 앞으로만 가는 경우에는 다치지 않게 할 대책이 필요하다. 우선 가구를 옮기고 가구와 가구 사이, 전자제품과 벽 사이 등을 없애 반려견이 끼이지 않도록 조정한다. 또 가구의 모서리는 쿠션이 될 만한 것을 붙이고, 방구석에는 세모난 종이박스 등을 놓아 반려견이 부딪쳐도 다치지 않게 한다.

반려견의 행동범위를 안전한 공간 내로 조절한다.

밝고 다정하게 대해 마음에 풍요로운 자극을

건강했던 반려견이 치매에 걸려 말을 걸어도 반응하지 않거나 표정이 없어지는 일로 침울해하는 주인도 많다. 하지만 주인이 어두운 표정을 하고 있으면 치매에 걸려 있어도 개는 민감하게 감지하기 때문에 불안함이 더 심화되어 증상이 악화될 수도 있다. 주인이 기운이 없거나 밝게 대하지 못하는 것은 개의 입장에서는 매우 괴로운 일이다.

항상 밝게 말을 걸어주고 매일 다정하게 빗질해주고 안아주고 온몸을 쓰다듬어주고 걷지 못하더라도 밖에 데리고 나가 자극을 주자. 이런 스킨십이나 바디케어는 치매에 걸린 개의 심신에 좋은 영향을 미친다.

그리고 주인의 애정 넘치는 커뮤니케이션은 뇌의 활성화로도 이어져 증상의 개선을 기대할 수 있다.

주인의 미소가 반려견을 안심시킨다.

시각장애인의 곁에서 일하는 맹인안내견은 긴장을 늦출 수 없는 만큼 '가정견보다 단명'한다고 생각하기 쉽다. 하지만 일본의 전국맹인안내견시설연합회에서 조사한 바에 의하면 맹인안내견의 평균수명은 약 13세였다.

1975년 3월~ 2006년 4월에 사망한 맹인안내견 413마리의 평균수명을 산출한 결과, 사망한 연령은 15세가 70마리로 가장 많았고, 최고령은 17세로 5마리였다. 반면 도쿄농공대 대학원의 하야시타니 히데키 조교수(수의학 전공)의 조사(2002년 8월~2003년 7월에 사망한 3,239마리)에 의하면, 가정에서 키우는 개의 평균수명은 11.9세라고 한다.

여기에는 수명이 긴 소형견이 포함되어 있기 때문에 래브라도 등의 대형견이 중심인 맹인안내견이 가정견보다 훨씬 오래 산다는 것을 알 수 있다. 장수의 이유는 '일의 특성상 항상 위생상태나 컨디션 등의 건강관리가 이루어지고 있기 때문'으로 분석하고 있다

맹인안내견으로 활약하는 래브라도. 건강관리에 신경 쓰면 맹인안내견뿐만 아니라 가정견도 장수할 수 있다.

6장

노견에게 많이 발병하는 질병과 구분 방법

노화가 진행되면 반려견의 몸이나 행동에 다양한 변화가 나타난다. 그것들 중에는 질병에서 오는 변화도 있는데 나이가 나이인 만큼 자칫 놓치면 돌이킬 수 없는 사태가 되기도 한다. 이상을 빨리 발견하여 적절한 대처를 하는 것이 중요하다.

노견이 되면
늘어나는 질병들

개는 나이를 먹으면 순환기질환이나 종양질환의 비율이 증가한다(왼쪽 페이지 그래프).

특히 사람의 40대에 해당하는 5~6세부터 현저한 상승을 보이는 순환기질환의 발병률은 5세까지는 1.6%였다가 10세가 되면 약 8배인 13.3%를 차지하고, 종양은 5세 때 4.7%였다가 10세가 되면 약 4배인 18.1%를 나타낸다.

심부전이나 판막증 등의 순환기질환은 겉으로 봐서는 알기 힘든 질병이기 때문에 주인의 세심한 관찰력이 조기발견의 핵심이다.

'관찰'이라고 해서 딱히 거창한 것은 아니다. 평소 빗질이나 마사지 등을 할 때 몸의 각 부위를 만지거나 식욕이나 배설물 상태 등을 파악하는 것, 표정이나 행동 등을 매일 관찰하는 것 등 주인이라면 대부분 자연스럽게 하는 것들뿐이다.

물론 체중이나 체온 등을 알아두는 것도 중요(제3장 '일상의 건강 체크와 바디케어' 참조)하다. 그런 관찰에 의해서 이상(질병)을 빨리 발견할 수 있기 때문이다.

'이상' 신호는 질병마다 다르다.

반려견의 모습을 보면서 어디가 힘든지 아는 경우도 있겠지만, 정확한 판단을 내리기 위해서는 수의사의 진단을 서둘러 받아야 한다.

(출전: 애니컴 홀딩스 《애니컴가족 동물 백서 2011》http://www. anicom-page.com/haksusho)

노견에게 많이 보이는 질병신호를 알아두자

여기에서 소개하는 것은 질병이 원인이 되어 발견되는 경우가 많은 신호이다. 분명한 부조의 신호도 있지만 주인이기 때문에 알 수 있는 '어? 왠지 기운이 없는데?'라는 느낌도 중요하다. 뭔가 이상하게 느껴진다면 바로 눈치챌 수 있도록 평소 건강할 때 반려견의 모습을 잘 관찰하자.

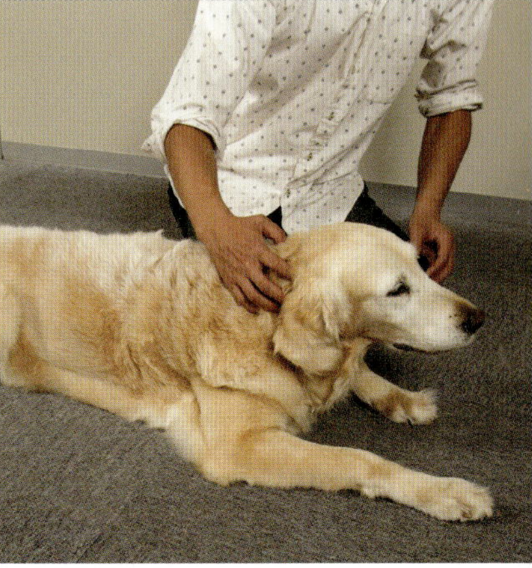

'평소와 다르다'는 것을 알 수 있는 사람은 오직 주인뿐이다.

🐾 기운이 없다

평소의 모습에 비해 기운이 없어 보인다면 발열이나 통증, 빈혈 등이 원인이라고 생각할 수 있다.

- **발열**　감염증, 열사병
- **저체온**　쇠약, 부적절한 환경, 영양불량
- **통증**　골격(골절, 관절염, 추간판 헤르니아 등)

　　　복부(소화관의 염증, 급성 췌염, 위염전 등)

　　　항문낭염, 요도결석, 녹내장 등
- **내장질환**　간 기능장애, 신부전, 지속적인 설사 등
- **그 외**　시력 이상, 빈혈 등

토한다

이따금 토한다고 해서 꼭 이상하다고만은 할 수 없다. 토한 뒤에 식욕도 있고 증상이 일과성일 때에는 질병일 가능성이 적다. 하지만 구토가 계속되거나 설사나 식욕부진 등의 증상을 동반할 때에는 빨리 수의사에게 상담해야 한다.

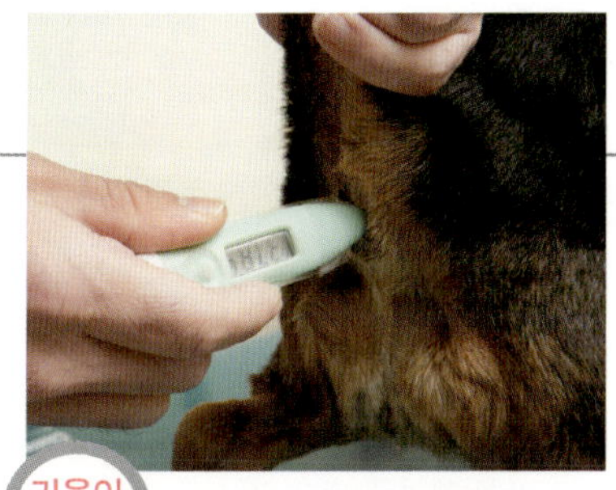

체온도 컨디션 변화의 참고가 되니 평열을 알아두는 것이 중요하다(체온 체크에 관해서는 43쪽 참조).

구토나 기침이 오랫동안 보인다면 가능한 빨리 수의사에게 진단을 받는다.

○ **질병일 가능성이 적은 일과성 구토**

위장장애(경증), 과식, 멀미, 풀을 먹은 후 등.

○ **질병일 가능성이 있는 지속적인 구토**

위장장애(중도), 위내 이물질, 전염성 질환, 자궁축농증, 위염전, 장폐색, 중독, 간염, 췌염, 신부전 등.

🐾 기침을 한다

개는 호흡기가 튼튼하기 때문에 사람이 걸리는 '감기' 같은 것에는 걸리지 않는다. 그런 만큼 기침이 계속된다면 심각한 질병을 의심해볼 수 있다. 서둘러 수의사에게 상담하자.

○ **급성 기침**

호흡기감염증(디스템퍼, 켄넬코프 등), 기관지염, 폐렴, 알레르기 등

○ **만성 기침**

심장질환, 기관허탈, 심장사상충, 폐수종 등

🐾 호흡을 괴로워한다

운동 후 한도 끝도 없이 숨이 거칠거나 안정 시에도 호흡이 괴로워 보일 때에는 호흡기나 순환기의 이상을 의심해볼 수 있다. 또 더운 한여름에는 열사병 초기증상인 경우도 있다.

- **호흡기질환**

  기관허탈, 폐렴, 폐수종, 기관지염 등

- **순환기질환**

  심장질환(선천성/후천성), 심장사상충 등

- **기타**

  열사병, 발열, 빈혈, 전염성 질환 등

운동 후 좀처럼 호흡이 가라앉지 않는다면 호흡기, 순환기질환일 수도 있다.

🐾 체중이 갑자기 줄었다

평소와 같은 내용의 식사를 급여하는데도 불구하고 체중이 줄어드는 경우에는 주의가 필요하다. 겉으로는 건강해 보여도 심각한 질병에 걸려 있는 경우가 있다.

- **체중감소**

  장기적인 위장장애, 당뇨병, 소화관 내 기생충, 체외분비부전(췌염의 소화효소생산능력의 저하), **호르몬 이상**(부신피질 기능항진증, 갑상선 기능항진증)

체중의 급감도 주의요망. 건강할 때의 체중을 알고 있으면 변화를 눈치채기 쉽다(체중 체크에 관해서는 42쪽 참조).

복부만 부어 있는 경우에는 당장 병원으로!

식욕도 건강의 바로미터.
체중 변화에 맞춰 체크를.

🐾 배가 부어 있다

부어 있는 배의 한쪽에 손바닥을 대고 배의 반대편을 두드려 체액이 움직이는 듯한 감촉(파동의 느낌)이 있는 경우에는 복수가 의심된다. 등 외에 다른 부위는 말랐는데 배만 부어 있거나 파동감이 있는 경우에는 주의가 필요하다.

또 식사를 1일 1회 대량으로 한꺼번에 먹는 습관이 계속되면 위를 고정하는 인대가 느슨해져 위염전을 일으킬 위험성이 높아진다. 식사는 2회 이상으로 나누어 급여한다.

○ **복수**

　종양, 심질환, 간질환, 복막염, 심장사상충 등

○ **기타**

　위염전, 과식, 고장증(음식물의 이상발효 등에 의한 장관 내 가스 축적)

걸리기 쉬운
질병

전신 질병  **종양**

종양에는 양성과 악성이 있는데 악성 중에도 상피조직에서 발생하는 암과 비상피조직에서 발생하는 육종이 있다. 종양은 신체의 모든 곳에 발병되며 양성인지 악성인지를 구분하기 위해서는 종양 조직의 일부를 병리조직검사 받아 판단한다.

종양이 생긴 부위에 따라 증상은 천차만별인데 돌기나 멍울 등 체표의 종양은 몸을 만져보면 발견하기 쉬우니 마사지나 빗질 등의 일상 케어를 할 때 체크해보자.

악성종양은 초기에는 무증상이며 통증도 없지만 진행이 빠르기 때문에 몇 개월 내에 사망에 이르기도 한다. 겉으로만 봐서는 알 수 없는 경우도 있으므로 6세를 넘기면 정기적으로 건강검진을 받아 조기발견, 조기치료를 목표로 하자.

이런 노견은 주의 요망!

나이를 먹으면 모든 견종이 걸리기 쉬운 질병이다. 악성종양 중에서도 가장 많은 것은 암컷의 유선종양. 중성화수술을 하지 않은 암컷은 노견이 되면 절반 이상이 발병한다고 한다. 마찬가지로 중성화수술을 하지 않은 수컷에게 많이 보이는 것은 항문주위선암이다.

이런 신호에 주의!

- 멍울이 생긴다
- 대소변에 피가 섞인다
- 식욕이 없다
- 기운이 없다. 산책을 싫어한다.

승모판 폐쇄부전

좌심방과 좌심실 사이에 있는 승모판이 변성되어 완전히 닫히지 않으면 피가 심장에서 폐로 역류하게 된다. 필요한 피가 온몸에 돌지 못하면서 사망하기도 한다.

승모판 폐쇄부전은 노견의 심장질환의 대부분을 차지한다.

5세를 넘기면서부터 증상이 나타나는 경우가 많고 운동할 때나 한밤중에 기침이 난다, 쉽게 피곤해한다, 운동을 하고 싶어 하지 않는다 등의 증상이 나타나고, 더 진행되면 폐수종이나 호흡곤란을 일으킨다. 질병이 진행되면 마르는 것도 특징이다.

완치가 불가능한 만큼 조기발견, 조기치료가 중요하다. 투약이나 식사, 체중관리, 운동제한 등으로 심장의 부담을 경감시켜 진행을 억제한다.

이런 노견은 주의 요망!

치와와, 시추, 요크셔테리어, 말티즈, 토이푸들, 카발리어 등 10세 이상의 소형견에게 많이 볼 수 있다. 유전적인 요인도 있지만 비만해지면 발병할 위험이 높아진다. 적절한 식사관리, 정기검진이 중요하다.

이런 신호에 주의!

- 기침을 계속한다.
- 쉽게 피곤해한다.
- 운동이나 산책을 싫어한다.

  # 기관허탈

기관은 입, 코의 상부 기도와 폐를 연결하는 공기가 통과하는 길이다. 이것이 눌려서 편평해지고 입, 코에서 폐로 공기의 흐름이 나빠지는 질병으로 운동을 하거나 흥분할 때 '쎄엑쎄엑' 하고 목이 울리는 소리가 난다.

심할 때에는 호흡곤란에 청색증을 일으키고 실신하는 경우도 있다.

증상이 심하면 수술로 기관을 보강하기도 하지만 일시적으로 좋아진다고 해도 다시 발병하는 경우가 많고 확실한 치료법은 없다.

비만이나 목줄 등에 의한 목의 압박 등이 원인이 되어 발병하는 경우가 있다. 식사제한을 하거나 목줄을 하네스로 바꾸는 등 평소에 목에 부담이 가지 않도록 배려하자.

이런 노견은 주의 요망!

포메라니안, 요크셔테리어, 퍼그, 토이푸들, 치와와 등의 소형견이나 단두종에게 많이 보인다. 중고령 이후에 많이 발병하는데, 젊을 때도 코를 골거나 목을 압박하면 켁 소리를 내는 개는 가벼운 기관허탈 비슷한 증상이 나타날 수 있다.

이런 신호에 주의!

- 운동할 때 목이 쎄액쎄액 울린다.
- 숨 쉬는 것을 괴로워한다.
- 코를 곤다.

  # 만성 간염

세균이나 바이러스 감염, 편식이나 첨가물, 중금속의 축적 등으로 간이 염증을 일으켜 만성화된 질병이다. 당질이나 지질 대사를 촉진하여 유독물을 해독하는 간 기능이 약하기 때문에 다양한 악영향이 나타난다.

초기단계에서는 증상을 알기 어렵기 때문에 발견이 늦는 경향이 있는데, 기운이 없고 식욕부진 등의 증상이 계속되며 악화되면 소변색이 진해지거나 황달 또는 복수 등의 증상이 나타난다.

만성이 되면 장기적으로 치료를 받아야 하는데 새끼 때부터 영양의 균형이 잘 잡힌 음식을 급여하여 편중된 식습관이 되지 않는 것이 최선의 예방법이다. 질병을 조기발견하기 위해서라도 정기적인 건강검진을 거르지 않도록 하자.

이런 노견은 주의 요망!

어떤 견종이든 식품첨가물이 많이 들어 있는 식사를 계속하거나, 젊은 개가 먹는 고칼로리의 푸드를 급여하다 보면 간장에 큰 부담이 가게 된다. 과식이나 운동부족에서 오는 비만도 간장병을 초래한다. 노견에 맞는 적절한 식사(4장 참조)를 급여하도록 신경 쓰자.

이런 신호에 주의!

- ☐ 식욕이 없다.
- ☐ 기운이 없다.
- ☐ 소변 색이 진하다.

사람이 걸리는 당뇨병에는 인슐린 의존성과 인슐린 비의존성이 있는데, 개의 경우에는 대부분 췌장에서 인슐린이 분비되지 않는 인슐린 의존성이다.

의존성은 완치가 불가능하기 때문에 혈당치를 컨트롤하는 인슐린 주사를 매일 평생 맞아야만 하는데, 통원이 힘들기 때문에 주인이 주사를 놓는 경우도 있다.

원인은 비만이나 췌염, 유전 등 다양하다. 물을 많이 먹고 소변양이 많은 것부터 시작하여 진행되면 체중감소, 식욕부진, 탈모, 구토, 탈수, 당뇨병성 혼수상태 등의 증상이 나타나게 되고, 백내장이나 말초신경장애, 당뇨병성 신증 등의 심각한 합병증을 유발하는 경우도 있다.

이런 노견은 주의 요망!

치와와나 토이푸들, 미니어처 닥스훈트, 말티즈 등의 소형견에게 많다고 하는데, 유전이나 비만 등으로 인해 어떤 견종이든 발병 리스크가 있다. 살이 찌면 발병할 위험이 높기 때문에 적절한 체중관리가 중요하다(4장도 참조).

이런 신호에 주의!

☐ 물을 엄청나게 먹는다.

☐ 소변양이 증가한다.

☐ 갑자기 마르기 시작한다.

부신피질 기능항진증

부신피질호르몬인 코르티솔이 과다분비되는 질병이다. 원인은 부신피질에 생긴 종양이나 뇌하수체의 과형성이나 종양 때문에 자연적으로 발생하는 것과 다량의 스테로이드제 투여에 의한 부작용 등을 들 수 있다.

주요 증상으로는 다식, 다음다뇨, 맥주를 잔뜩 먹은 것처럼 배가 붓거나, 가려움을 동반하지 않은 좌우대칭의 탈모 등이 나타난다. 당뇨병이 병발하는 경우도 있다.

배가 부어 있는 것을 비만으로 착각하거나 탈모를 노화에 의한 것으로 판단하여 놓치는 경우가 적지 않다. 병원에서 호르몬검사를 했을 때 발견하는 경우가 많다.

이런 노견은 주의 요망!

토이푸들, 미니어처 닥스훈트, 포메라니안, 보스턴테리어, 복서 등이 발병하기 쉬운 경향이 있다. 피부병을 치료하기 위해 스테로이드제를 사용하는 개도 주의가 필요하다.

이런 신호에 주의!

- 식사량이 늘지 않았는데 살이 찐다.
- 탈모가 심하다.
- 소변양이 증가한다.
- 배가 부어 있다.

만성신부전

　신장은 혈액을 여과하여 노폐물을 소변으로 배출하는 기능을 한다. 신장의 기능이 저하되면서 체내에 노폐물이 쌓여 다양한 증상을 일으키는 질병이 신부전이다.

　초기 증상으로는 다음다뇨를 볼 수 있는데 그 밖에는 뚜렷한 증상이 없고 진행되면 식욕부진, 탈수, 구토 등의 증상을 보인다.

　신부전은 신장의 3/4이 기능하지 못하게 된 후에야 증상이 나타나기 때문에 발견했을 때에는 이미 상당히 진행되어 있는 케이스가 적지 않다.

　급성인 경우에는 몇 시간에서 며칠 내에 갑자기 악화된다. 발견이 늦으면 요독증을 일으키며, 악화되면 사망에 이르기도 한다. 6세가 지나면 반드시 정기검진을 받아 조기발견에 힘쓰자.

이런 노견은 주의 요망!

아메리칸 코카 스파니엘, 골든 리트리버, 미니어처 슈나우저, 시추 등에서 발견되는데, 다른 견종에서도 고령이 될수록 발병률이 높아진다. 염분이나 단백질 과잉인 식사를 지속적으로 해온 개에게도 잘 발병한다고 한다.

이런 신호에 주의!

- 물을 매우 많이 먹는다.
- 소변양이 증가한다.

알레르기성 피부염

면역력이 저하되어 있는 노견은 세균이나 기생충, 꽃가루나 집먼지 등이 원인인 알레르기성 피부염을 앓기 쉽다. 귀나 눈가, 가랑이 안쪽 등 피부가 약한 부분에 발진이 나타나 가렵고 빨갛게 붓는 경우도 있다.

노견에게 많이 보이는 것은 곰팡이의 일종인 진균에 감염되어 염증이 되는 피부진균증이다. 귓속에 번지면 거무스름하게 부어오르기도 한다. 자극이 적은 샴푸로 미지근한 물에 몸을 씻거나 빗질로 피모의 오염물을 떼어내는 등 피부를 청결히 하면 발병을 막을 수 있다.

음식물 알레르기인 경우에는 혈액검사로 원인이 되는 음식물을 밝혀내 멀리하거나 저알레르기 음식을 주는 방법이 있다.

이런 노견은 주의 요망!

알레르기성 피부염은 골든 리트리버, 래브라도 리트리버, 시바이누, 프렌치 불독, 시추, 잭 러셀 테리어 등 폭넓게 나타나는 경향이 있다. 밖에서 보내는 시간이 긴 개에게는 벼룩이나 진드기를 구제하는 약을 정기적으로 사용한다.

이런 신호에 주의!

☐ 가려워한다.

☐ 습진이 생긴다.

☐ 피부를 긁거나 핥는다.

전립선비대증

　전립선이란 정액 성분을 생산하는 부생식기로, 개의 경우에는 방광 뒤쪽에 있다. 이 전립선이 비대해져서 직장이나 요도를 압박하여 배변, 배뇨가 곤란해지는 질병이 전립선비대증이다. 나이를 먹으면서 호르몬의 균형이 무너지는 것이 원인으로 알려져 있다.

　배설 자세를 취하는데도 좀처럼 나오지 않는다면 이 질병에 걸렸을 가능성이 있다. 전립선이 비대해져 배뇨가 잘 되지 않으면 세균성 방광염이 병발하는 경우가 있다. 반대로 세균성 방광염에서 전립선염이 발병하기도 한다.

　노견의 반수가 이 질병을 앓는 것으로 알려져 있는데 조기에 중성화수술을 하면 전립선이 퇴화되어 수축하기 때문에 노견이 되어도 전립선이 비대해지는 일은 거의 없다.

이런 노견은 주의 요망!

전립선비대증은 중성화수술을 하지 않은 수컷이 많이 걸린다. 중성화를 하지 않은 노견이라면 평소 배변할 때의 모습을 관찰하도록 한다. 배변 시 아파하거나 대변이 가느다란 등 배설에 어려움을 겪고 있는 것 같다면 일단 동물병원에서 검사를 받아보는 것이 좋다.

이런 신호에 주의!

- 소변이나 대변의 배출이 나쁘다.
- 배변, 배뇨에 시간이 걸린다.
- 변비에 걸린다.

자궁축농증

　세균감염증에 의해 염증을 일으켜 자궁 내에 고름이 쌓이는 질병이다. 면역력이 저하된 노견은 이 질병에 걸릴 리스크가 높다. 자궁축농증에 걸리면 외비뇨기에 분비물이 보이거나 식욕이 없어지거나 물을 자주 먹거나 토하거나 음부가 붓거나 배가 부어오르거나 열이 나는 등의 증상이 나타난다. 기운이 없거나 산책을 싫어하는 개도 있다.

　악화되면 신부전이나 복막염, 다장기부전을 일으키기도 하며, 치료가 늦으면 생명을 앗아가는 경우도 있으므로 증상이 보인다면 당장 동물병원에 가서 검사 받도록 한다.

　중성화수술로 예방할 수 있는 질병이므로 번식 예정이 없다면 젊을 때 수술을 시켜주는 것이 좋다.

이런 노견은 주의 요망!

중성화수술을 하지 않은 5세 이상의 출산 경험이 없는 암컷이 자궁축농증에 걸리기 쉽다고 한다. 외비뇨기가 부어 있지 않은지, 식욕이 떨어지지 않았는지 살펴보고 이상을 빨리 발견하는 것이 중요하다.

이런 신호에 주의!

☐ 배가 붓는다.

☐ 음부에서 분비물이 나온다.

☐ 물을 자주 마신다.

☐ 소변양이 늘어난다.

백내장

눈의 수정체 일부나 전체가 하얗게 흐려진다. 그와 동시에 자주 부딪치거나 움직이는 것을 눈으로 쫓지 않는다, 행동이 어색해진다, 단차 때문에 넘어진다 등 시력저하가 의심되는 증상이 나타난다.

눈이 보이지 않게 되었어도 개는 취각에 의지하여 익숙한 장소는 전처럼 잘 돌아다니기 때문에 주인이 반려견의 백내장 진행을 발견하지 못하는 케이스가 많다.

초기 단계라면 점안약이나 내복약으로 진행을 늦출 수 있지만 방치하면 실명할 수도 있다.

백내장은 나이에 따른 수정체의 변성 외에도 유전성이나 선천성인 것, 당뇨병이나 외상 등에 의한 후천성 등 원인이 다양하며 당뇨병이 원인인 경우에는 진행 속도가 빠르다.

이런 노견은 주의 요망!

견종 불문하고 고령이 되면 대부분의 개가 백내장에 걸리기 쉽다. 잘 보이지 않아 행동이 둔해져도 노화 때문이라고 판단하고 발견이 늦는 경우가 적지 않다. 반려견의 눈 상태를 평소부터 잘 관찰하자.

이런 신호에 주의!

- 어딘가에 부딪친다. 넘어진다.
- 물건을 눈으로 쫓지 않는다.
- 검은자가 하얗게 탁해진다.

치주염

대부분의 노견에게 발견되는 질병이다. 노화로 인해 치석이 침착되고 타액의 양이 감소하면 세균이 번식하기 쉬운 환경이 되면서 치주염이 일어나기 쉽다.

초기 증상은 구취나 침 정도인데 악화되면 고름이 쌓여 이빨이 빠지게 된다. 식사를 만족스럽게 하지 못하게 되거나 구강 내 세균이 혈류를 타고 신장이나 심장, 간장에 악영향을 미치기도 하며 때로는 생명에 지장을 주기도 한다.

입안에 통증이 있으면 식사에도 영향을 미치므로 평소에 양치질 습관을 들이고, 경우에 따라서는 동물병원에서 치석을 제거하는 방법도 있다.

치석과 치태를 제거하기 위해서는 전신마취를 해야 한다. 또 증상이 심각할 때에는 발치를 하고 치료받기도 한다.

이런 노견은 주의 요망!

고령이 되면 대부분의 개에게 발병하는데, 포메라니안, 말티즈, 시추, 토이푸들 등의 소형견, 퍼그나 찡 등의 단두종, 구강 내 케어를 소홀히 한 개에게 발병 리스크가 더욱 높다.

이런 신호에 주의!

- 구취가 심해진다.
- 딱딱한 음식을 먹지 않는다.
- 이빨이 빠진다. 흔들린다.

피할 수 없는 반려견과의 이별. 적어도 편안하기를 바라지만 심한 고통이 오래 계속되면 '안락사'를 떠올리는 주인도 있을 것이다.

하지만 통증이 아무리 심하다 해도 개는 '죽고 싶다'는 생각 자체를 하지 않는다. 반려견이 바라는 것은 단 한 가지, '언제까지나 주인 곁에 있고 싶다'뿐이다. 그렇기 때문인지 몰라도 안락사를 부정적으로 생각하는 수의사도 적지 않다.

고도의료를 통해 고통을 완화하고 생명을 연장시킬 수 있는지, 할 수 있는 치료를 다 받고 집으로 데려가 가족이 간호하며 함께 지내는 시간을 많이 하는 것 등 홈닥터와 상의하여 결론을 내려야 할 것이다.

그러기 위해서는 납득이 갈 때까지 수의사의 설명을 듣고 최선의 요양방침을 함께 생각하는(사전동의) 것이 중요하다. 주인은 먼저 질병에 관한 지식을 습득하고 있어야 한다. 관련 서적을 읽거나 인터넷에서 '개의 질병'을 검색하여 정보를 모으는 방법도 있다.

반려견이 약해지는 모습을 매일 지켜보는

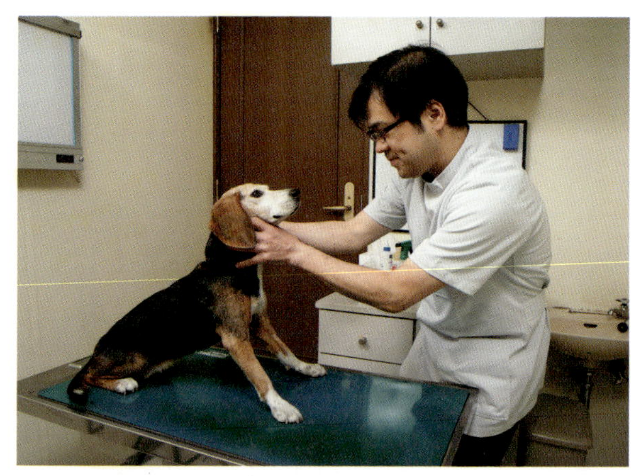

어떤 선택의 여지가 있는지 수의사에게 상담한다. 개에게 최선의 방침을 함께 고민해주는 수의사도 많다.

것은 주인에게 견딜 수 없는 슬픔과 고통을 줄 것이다. 나도 모르게 '좀 더 빨리 알아챘어야 했는데' '다른 방법은 없었을까…?' 등 자책하다 우울해지기 쉽지만 사람의 표정이나 말투 등에서 감정을 민감하게 읽어내는 개는 주인의 우울한 모습이 괴로울 것이다. 그것은 반려견에게서 즐거움을 빼앗은 채 떠나보내는 일이 될 수도 있다.

중요한 것은 반려견을 최우선적으로 고려하여 가족이나 수의사 모두 신중한 상담을 하는 것이다. 그리고 그렇게 내린 결과를 잘 받아들이는 것이다.

집이나 병원 중 어디에서 간병할지 생각해두어야 한다.

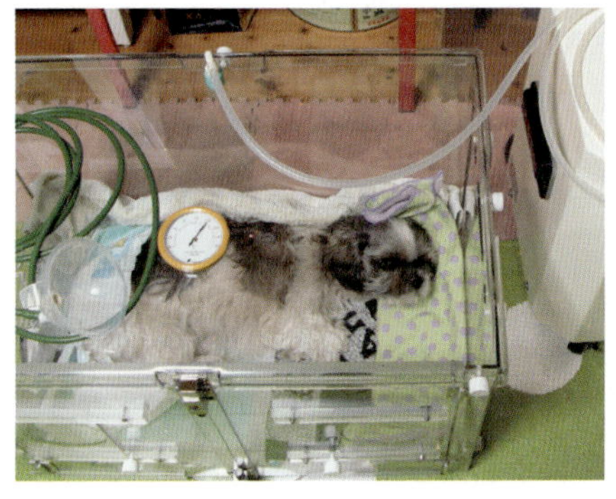

선진의료를 받아 연명을 도모하는 선택을 할 수도 있다.

반려견과의 이별은 언젠가는 찾아올 수밖에 없다. 괴롭고 슬픈 일이지만 마지막까지 애정을 담아 후회 없이 보내줄 수 있도록, 반려견이 나이를 먹으면 '이별'을 미리 생각해두어야 한다.

반려견의 유해는 주인이 책임을 지고 매장해야 한다. 언제까지나 가족 가까이 있어주기를 바라는 마음에 한때는 마당에 매장하는 경우가 많았는데, 최근에는 화장하는 경우가 많아졌다.

자택 정원에 매장하는 경우에는 악취나 토양·수질 오염 등으로 인근에 피해를 끼칠 수 있으며 이 경우 피해보상을 해야 할 수도 있다. 다른 야생동물이 파낼 가능성도 있으므로 깊은 구멍을 팔 수 있는 땅도 필요하다. 야산 매장 시 불법쓰레기 투기로 처벌받을 수도 있다.

화장을 하는 경우에는 민간 펫 장례회사에 의뢰한다. 수속이나 장례 내용, 요금 등은 각각 다르므로 업자에게 문의하거나 인터넷으로 사전에 알아두는 것이 좋다. 일본 지자체에서는 청소과가 반려견의 유골을 집까지 가지러 오는데 한 마리에 2,600엔 정도의 수수료를 지불하며 일반쓰레기와는 따로 화장한다(지자체에 따라 다르며 우리나라는 쓰레기로 처리되어 쓰레기 봉투에 내놓아야 한다).

민간 펫 전문 장례회사 등이 운영하는

반려견을 보낼 때는 몸을 청결하게 안치한다.

동물납골당 등의 선택지도 있다. 수의사에게 문의해봐도 된다.

장례식만 부탁하고 유골을 집에서 보관할지, 납골이나 묘지에 매장까지 의뢰할지는 업자의 서비스 내용을 보고 검토하면 된다. 요금은 개의 크기(무게)에 따라 다르지만 개별적으로 화장하는지, 다른 개와 함께 태우는 '합동장'인지에 의해서도 금액이 달라지므로 확인이 필요하다.

일본의 경우 지자체에 등록되어 있는 개는 사망진단서를 제출하는 등 반려견 관리가 엄격하다.

개의 장례		주요 선택
1 집에서 장례식을 치른다	장점	자신의 손으로 마지막까지 장례식을 치를 수 있다. 사후에도 가까이 있는 느낌을 받을 수 있다.
	단점	위생관리가 어렵다. 대형견의 경우에는 땅을 파는 데 엄청난 노동이 필요하다.
2 지자체에 의뢰한다	장점	업자에 비해 비용이 들지 않는다.
	단점	쓰레기로 처리된다.
3 업자에게 의뢰한다	장점	선택의 여지가 많다. 정중하게 안장해주는 경우가 많다.
	단점	돈이 든다. 혹여 악덕업자를 만날 수도 있다.

안전한 투약과 안약 투여 방법을 배워보자

노령이 되면 질병으로 인해 정기적으로 약을 먹어야 하는 케이스가 증가하고 있다. 음식에 섞어서 주는 쉬운 방법이 있지만, 음식만 먹고 약은 남기는 개도 있다. 또 약을 입안에 넣어도 삼키지 않고 계속 넣고 있다가 10분쯤 후에 토해내는 개도 있기 때문에 다음과 같은 방법을 배워두면 좋다.

입 끝을 잡고 입술을 입안으로 가볍게 말아 넣으면 비교적 간단히 입을 벌릴 수 있다. 입을 위로 향하게 하고 한쪽 손으로 약을 목구멍 안쪽에 떨어뜨린다. 재빨리 입을 닫고 삼킬 때까지 위를 향하게 한 채 목 아래를 문지른다.

안약은 개의 머리에 손을 얹어 안정시키면 어긋나지 않게 투약할 수 있다. 노견이 많이 걸리는 백내장이나 녹내장 등의 안질환에는 안약을 사용하면 증상이 완화되는 케이스가 있으므로 점안을 마스터해두자.

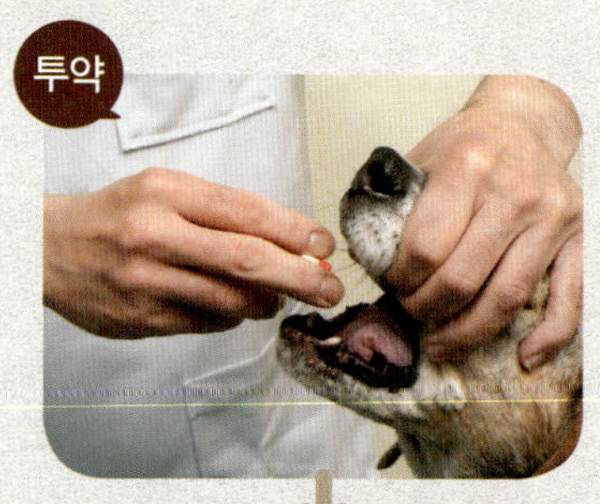

입술을 감듯이 입을 벌리게 한다.

목 안쪽에 손으로 약을 밀어 넣는다.

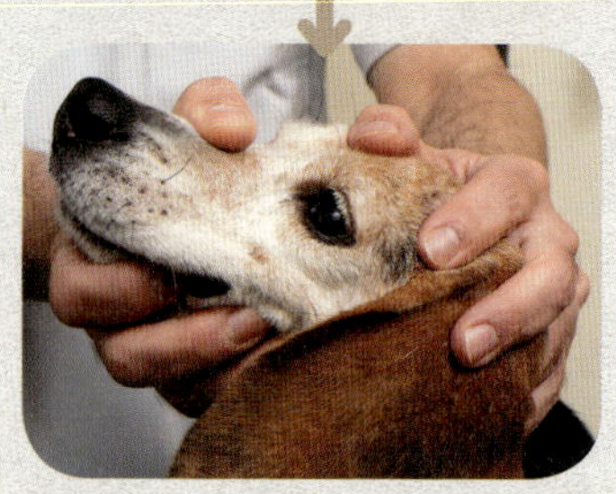

입을 다물게 하고 고개를 위로 향하게 한 뒤 목을 문질러준다.

개의 머리에 손을 대고 고정시키면 안약을 넣기 쉽다.

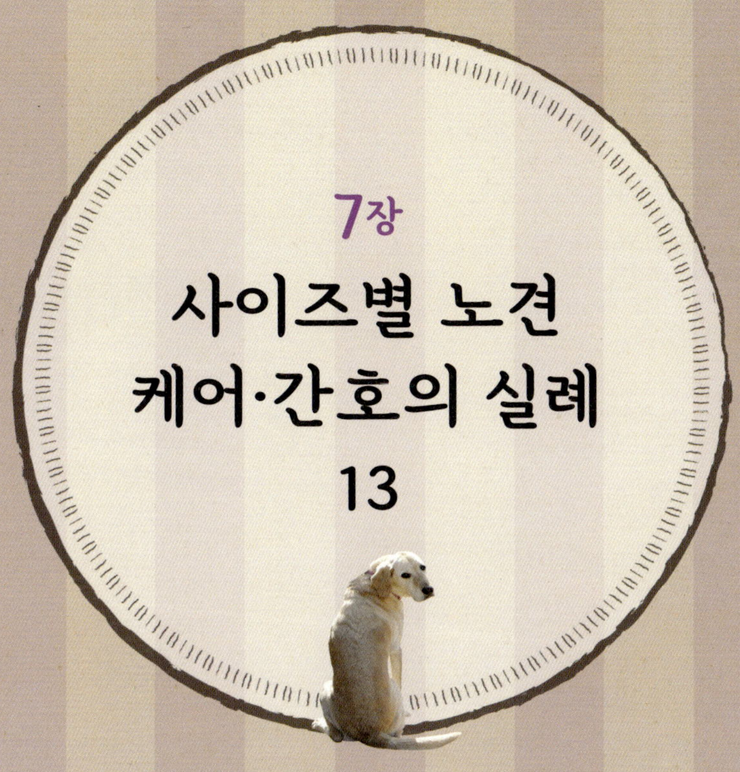

사이즈별 노견 케어·간호의 실례

13

'개의 노화' '노견 간호'는 개의 크기나 종류, 증상, 주인의 사정 등 다양한 요인에 따라 각각의 상황이 다르기 마련이다. 하지만 반려견을 생각하는 주인의 마음은 한결같다. 여기에서는 그런 13가지 실제 사례를 소개하고 있다.

01

21세 | 시추(암컷)

★ 공주 (주인: 다케 아야코 씨)

1개월쯤 전부터 방에서 실례를 하거나 구토를 반복하게 되었고 호흡도 힘든 상태가 되었다. 고령에 의한 쇠약으로 폐가 기능부전이 되는 등의 증상도 나타났다.

17세에 입양되어 최선을 다한 재활 덕분에 몸져누운 상태를 극복

공주는 17세 때 보호센터에서 다케 씨에게 입양된 시추이다.

"전에 키웠던 개가 17살에 죽었기 때문에 센터에서 공주를 본 순간 운명이라고 느꼈어요. 그래서 입양해서 돌봐야겠다는 생각이 든 거죠."

당시 8kg이나 되는 비만에다 걸음걸이도 어색한 상태였던 공주는 입양한 지 얼마 지나지 않아 감염증이 발병하여 50일간 입원했고 퇴원 후에는 몸져누운 상태가 되었다.

다케 씨는 동물병원 간호사로 일했던 경험을 살려 마사지나 전신 터치, 온구요법, 에어워킹, 수중워킹 등으로 공주의 운동기능을 회복시키는 데 힘썼다. 동시에 체중 감량에도 도전했다. 공주는 장이 약해서 설사가 잦았기 때문에 요법식에 수제식을 토핑하는 방법을 썼다. 그러자 한 달도 채 되지 않아 스스로 몸을 뒤집을 수 있게 되었고 곧 혼자 힘으로 기어갈 수 있을 만큼 회복되었다.

완전히 건강을 되찾은 공주는 공원에 나가면 친구 강아지들에게 달려갈 정도였고, 땅이나 바람의 감촉도 즐기곤 했다. 하지만 얼마 후 당뇨병이 발병하여 눈이 보이지 않게 되었다.

몸져누운 상태에서 회복되어
밖에 놀러갈 수 있었던 무렵.

무, 노란 강낭콩, 양배추,
당근, 닭가슴살로 만든
입맛을 돋구는 수제식.

친구를 만나자 종종걸음으로
달려간다.

건강이 회복되면서 피부의 윤기도 되살아나 젊어졌다.

천천히 물을 마시게 한다.

공주의 몸을 안고 공원에서
에어워킹 중.

수중워킹은 적은 부담으로도
근력을 회복시킬 수 있다.

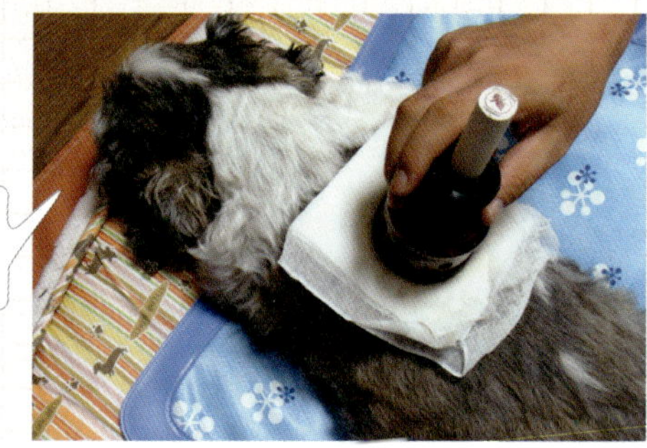

온구치료도 기능회복에
효과가 있다는데.

스트레스를 주지 않도록 밝게 행동한다.

다케 씨와 공주는 하루에 두 번 가까운 공원까지 산책을 한다. 공주의 몸을 손으로 잡고 잔디 위로 스치듯이 천천히 나아가면 네 다리가 걷는 것처럼 움직인다. 이것이 '에어워킹'이다.

"몸을 세운 상태로 하면 기능이 회복되는 것 같아서요."

욕조에 물을 받아 수중워킹도 실천했다. 또 계속 말을 걸고 공주의 몸을 만져주었다.

"주인이 의기소침해 있거나 슬퍼하면 개는 스트레스를 받아요. 공주가 '좀 더 이곳에 머무르고 싶다, 맛있는 것을 먹고 싶다'라고 생각하게끔 되도록 밝게 행동하고 있어요."

그래도 고령에 의한 쇠약을 완전히 막을 수는 없었다. 본서의 취재 후 얼마 지나지 않아 다케 씨에게서 한 통의 메일이 도착했다.

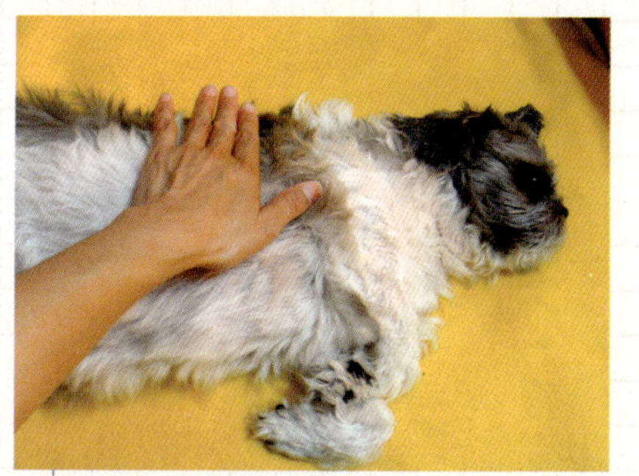

손으로 가슴에서 배를 천천히 문지른다.

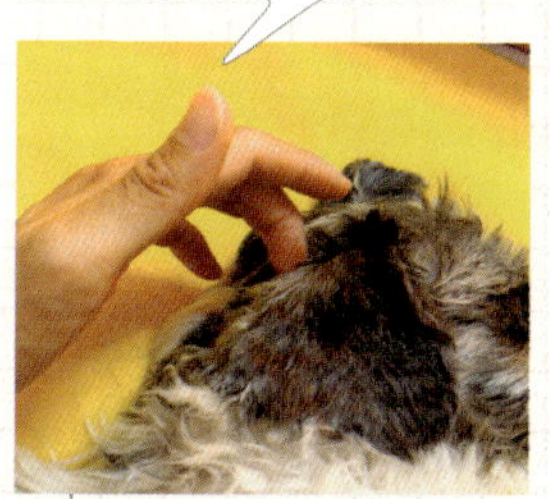

머리의 혈을 손으로 터치.

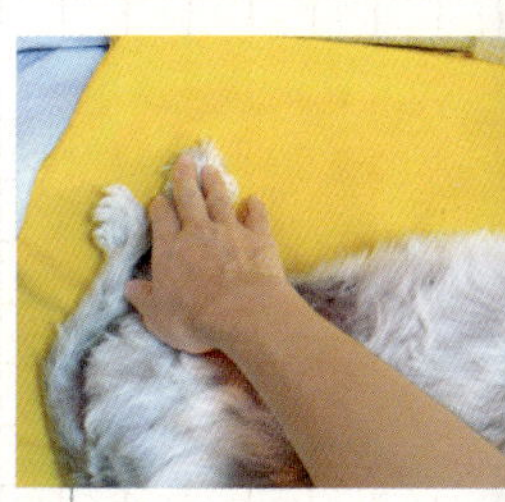

다리 근육을 부드럽게 마사지.

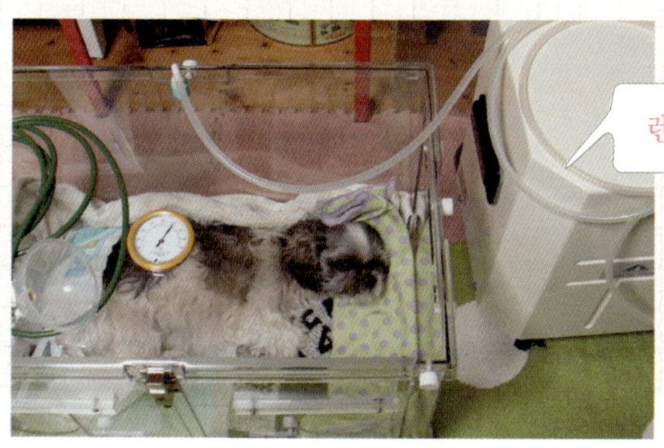

호흡을 편하게 하는 효과가 있다고 한다.
※ 화기 근처에서는 사용하지 말 것.

"어제 공주가 하늘나라로 떠났습니다."

공주의 호흡이 몹시 괴로워 보여 진료를 받으니 폐의 일부가 기능하지 않는다고 했다. 그래서 다케 씨는 집에서 산소를 흡입할 수 있는 '산소하우스'를 렌탈하여 공주를 넣어주었다. 조금 편해진 듯 보였지만 이틀째에 갑자기 숨을 거두었다고 한다.

"공주가 경험한 것들이 많은 분들께 도움이 되기를 바랍니다."

메일은 그렇게 끝을 맺고 있었다.

사이토 선생님의 의견

반려견이 하소연하는 내용을 짐작하여 대처하는 것이 간호의 기본입니다. 들이는 시간, 실행하는 내용 등 모든 것에 탁월했습니다. 특히 끊임없이 말을 걸어주는 것은 살려는 의욕을 불러일으키는 가장 좋은 방법입니다. 이 반려견은 마지막 4년 동안 정말 행복했을 것입니다.

02

13세 | 미니어처 닥스훈트(암컷)

소형견

★ **지루**(주인: 오구치 카요 씨)

8년 전부터 하반신 마비였지만 오쿠치 씨의 헌신적인 케어로 집안에서도 생기발랄하다. 배설을 촉진하면 사람이 쓰는 화장실에서 볼 일을 본다.

헤르니아로 하반신 마비, 간호용품을 사용해 힘차게 산책

지루는 5세 때 추간판헤르니아를 앓은 후 하반신이 마비되었다. 그로부터 8년 동안 집안에서는 뒷다리를 질질 끌고 걷지만 산책을 나갈 때는 오구치 씨가 뒷다리를 들어 올려주면, 앞다리를 한껏 움직여 힘차게 전진한다. 지금 현재는 이것이 일상생활이 되었지만 처음에는 오구치 씨도 깜짝 놀랐다고 한다.

"엄청나게 활발한 녀석이어서 헤르니아를 앓기 전에 공놀이를 하거나 소파에 오르락내리락하는 것을 매우 좋아했어요. 너무 심한 운동을 시키면 안 되는 견종이라는 건 알고 있었지만 녀석이 즐거워하다 보니 무리했던 것 같아요."

지루가 5살이던 어느 날 오구치 씨는 지루가 기운 없이 꼬리를 늘어뜨리고 소파에 오르려 하지 않는다는 것을 발견했다. 몸이 좀 안 좋은 건가 해서 며칠을 그대로 지켜보는 와중에 갑자기 경련을 일으켜 동물병원에 데려가니 헤르니아라는 진단이 내려졌다.

"빨리 알았더라면 수술을 해서 재활하면 회복할 수도 있었을 텐데. 발견이 늦는 바람에 돌출된 추간판을 제거해서 통증을 없애는 방법밖에 없었어요."

뒷다리가 살짝 땅에 닿듯이 들어올린다(위)
왼쪽 뒷다리는 발등이 땅을 향해 있다(아래)

지루의 표정에는 괴로워하는
모습이 보이지 않는다.

오구치 씨의 곁에
서 노는 것이 한없
이 즐겁다는 모습.

방광, 항문을 자극해서 배설을 촉진한다

퇴원 후 수의사의 권유로 뒷다리를 들어 올리는 간호용품을 사용하니 지루는 아무 일도 없었던 것처럼 꼬리를 크게 흔들며 걸어다녔다. 뒷다리를 땅에서 떼면 앞다리의 부담이 커지기 때문에 목장갑의 손가락 부분을 잘라 신발로 만들어주었다.

난처한 것은 화장실이었다. 개 전용 기저귀를 채워도 금세 풀어버리곤 했다. 병원에 상담했더니 방광이 부어오르는 것을 가늠했다가 화장실로 데려가 젖을 짜듯이 방광을 천천히 짜는 듯한 배뇨 방법을 권했다. 마찬가지로 항문을 자극하면 똥이 쑥 나왔다.

"심장이나 신장은 문제없어요. 닥스훈트는 욕창이 잘 생기기 때문에 살이 찌지 않도록 주의하고 있어요. 젊을 때는 무조건 이뻐만 했는데, 지루가 헤르니아에 걸린

지루의 몸에
맞도록 사이즈
조절.

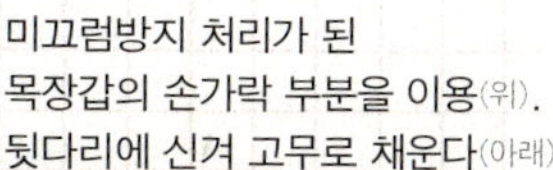

미끄럼방지 처리가 된
목장갑의 손가락 부분을 이용(위).
뒷다리에 신겨 고무로 채운다(아래)

좌우 다리를
통과시킨 후
지퍼를 채운다.

뒷다리를 들어올린다.
지루는 간호용구를
착용하면 '산책 가는 거야?'
라는 표정이 된다.

뒤로는 천천히 서로를 마주보는 것 같아서
더 사랑하게 됐어요."

오구치 씨가 외출한 동안에는 근처에 사는
오구치 씨의 아버지가 지루를 돌봐주시기 때
문에 지루도 쓸쓸해하지 않는 것 같다.

만족스러운 모습이 지루의 표정에서도 엿
보였다.

사이토 선생님의 의견

개는 통증을 알리지 못하기 때
문에 질병의 발병을 발견하기
가 어렵습니다. 평소와 다르다
고 느꼈다면 수의사를 찾아가
도록 하세요. 그래야 안심할 수
있습니다. 배설 간호는 처음이
어렵지 요령이 생기니까 수의
사에게 잘 배우면 됩니다. 오
구치 씨는 간호를 잘 하고 있
습니다.

03

16세 | 토이 푸들(암컷)

★ 파니 (주인: 오가와 마나부 씨)

2년 전에 자궁축농증이 발병. 올봄부터 자꾸 콜록거려 CT 촬영으로 검사해보니 폐암이었다. 고령이어서 수술은 하지 못하고 경과를 주의 깊게 지켜보고 있다.

폐암을 앓으면서도 점적으로 혹독한 더위를 이겨내다

파니는 생후 3개월 때 규슈에서 비행기를 타고 날아왔다. 당시 건강검진을 받아보니 백내장에 걸린 것 같다고 했는데, 실제로 7세에 발병했고 현재는 빛을 희미하게 느끼는 정도이다.

"올 초여름부터 순간 전혀 밥을 먹지 못해서 내가 먹는 닭고기구이나 사사미를 주니까 좋다고 한입에 먹더군요. 하지만 그 후로 계속 심한 설사와 구토를 해서 병원에서 점적을 맞게 되었어요."

통원은 2개월이나 계속되었고 안락사가 머릿속을 스쳤지만 분명 후회할 것 같았다.

더위가 물러가자 겨우 밥을 먹을 수 있게 되었다. 아침에는 염소젖과 벌꿀, 밤에는 건사료(제피스타일)와 습식사료(시저)를 급여한다.

완식할 때까지 케이지에 넣어놓고 다 먹으면 꺼내어 사과나 배를 준다.

산책은 가까운 공원까지 안고 가서 잔디 위에 내려놓으면 기운차게 뛰어다닌다.

"노견 간호잖아요."

오가와 씨가 웃으며 말했다.

"앞으로도 할 수 있는 데까지 최선을 다해야죠."

산책을 나오면 일단 소변부터

낙엽의 감촉을
즐기듯이 질주.

단차도 훌쩍 뛰어넘어
케이지에서 내려온다(위)
근처에 없으면 오가와
씨를 찾아다닌다(아래).

오가와 씨에게 안겨
안심하고 잠들려는 모습.

사이토 선생님의 의견

반려견을 안락사 시킨 분들은
대부분 후회합니다. 이 주인처
럼 마지막까지 보살펴 줄 걸 하
고 말이죠. 폐암에서 폐렴이 유
발되어 사망에 이르는 케이스
가 흔히 있습니다. 수의사와 상
의하면서 지금까지 해오던 대
로 성실하게 케어하면 될 듯합
니다.

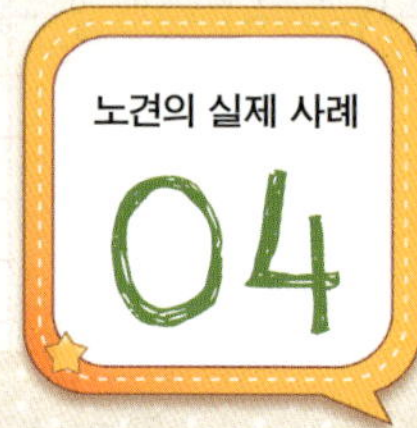

04 | 18세 | 시추(수컷)

소형견

★ 쿠리

(주인: 히라노 토루 · 히라노 료코 씨)

오른쪽 눈은 다쳐서, 왼쪽 눈은 백내장으로 보이지 않는다. 12세부터 장암, 방광결석, 내이염 등을 앓았고, 지금은 심장판막증으로 매일 약을 먹으며 뒷다리도 움직이지 않는다.

심폐정지에서 2번 회복, 강한 생명력을 뒷받침하는 식욕

"2년 전까지 건강하게 걸었는데 갑자기 픽 쓰러지더니 심장과 호흡이 멎은 적이 있었어요. 끌어안고 이름을 부르며 '정신 차려, 정신 차려!' 하고 계속 기를 불어넣었더니 잠시 후에 심장이 뛰기 시작했어요."

올 여름에도 같은 일이 발생했다고 한다.

아침에는 부드럽게 으깬 낫토, 저녁에는 물에 불린 건사료를 주는데, 쿠리는 온몸을 흔들며 먹어치운다. 이 식욕이 쿠리의 생명력의 원천이다.

그 식욕이 없어진 일이 두 번 있었다.

"동물병원에 3일 동안 맡겼을 때 아무것도 먹지 않았어요. 전화로 데리러 가겠다고 했더니 '앗, 지금 막 먹기 시작하네요'라고 선생님이 말씀하시더군요…."

두 번째는 장폐색이 의심되어 수술을 받았을 때였다. 개복했더니 암이었다. 수술 예후는 순조로웠고 식욕도 돌아왔다.

쿠리는 히라노 부부와 딸의 보살핌을 받고 있다. 연락을 자주 하고 쿠리에게서 눈을 떼지 않고 있단다. 세 사람 모두 바쁜 것 같으면 금방이라도 컨디션이 나빠진다고 한다. 가족과의 강한 유대감이 쿠리를 지탱하고 있는 것 같았다.

몸을 흔들며
사료(페디그리)를 탐한다.

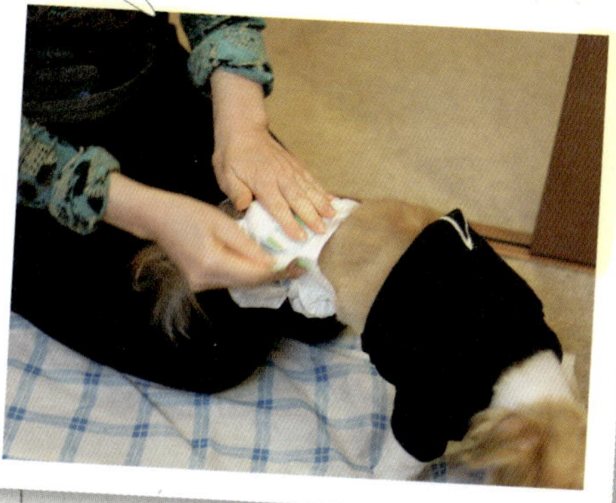

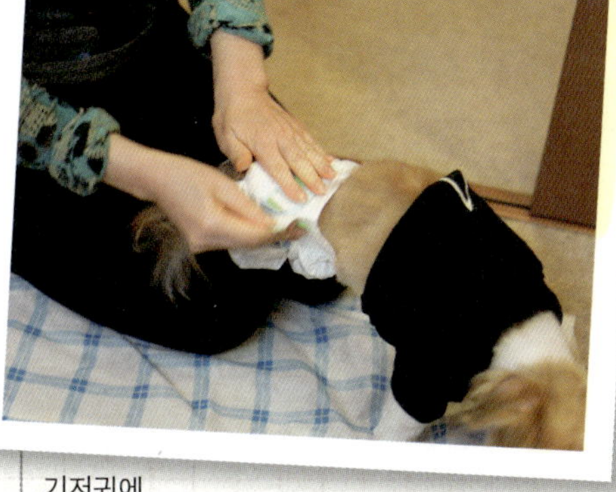

기저귀에
꼬리의 구멍을 뚫어 사용한다.

으깬 낫토에
심장 약을 토핑.
낫토는 쿠리가
가장 좋아하는 음식.

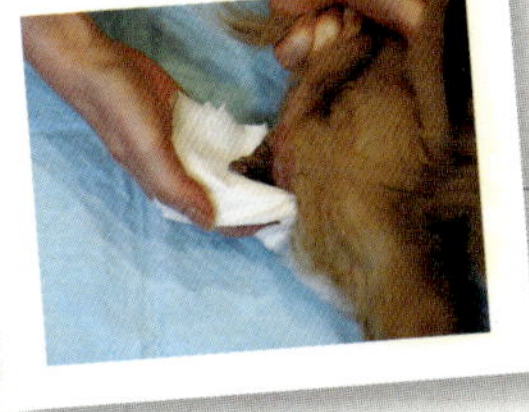

기저귀를 채우지 않을 때에는
엉덩이를 눌러 똥을 밀어낸다.

집안에서 뒷다리를
끌며 돌아다닌다

사이토 선생님의 의견

심폐정지가 되는 경우가 드물게 있는데, 생명이 다할 조짐이라고 생각할 수도 있지만 그로부터 몇 년씩 더 사는 케이스도 있습니다. 식욕은 건강의 바로미터. 식욕을 유지하기 위해서 개가 좋아하는 것도 주면서 영양밸런스를 생각하는 것은 바람직한 케어라고 할 수 있습니다.

05 16세 | 시추(암컷)

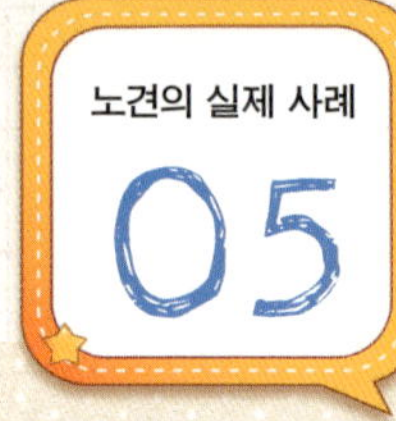

소형견

★ **마야** (사진 오른쪽의 개)

(주인: 히라오 모토 씨, 에이미 씨))

백내장을 앓다가 수술로 일시적으로 좋아졌지만 그 후 망막박리로 실명했다. 얼마 전부터 귀도 멀게 된 같다. 최근에는 신장기능이 약해져서 식사요법을 하고 있다.

반려견들이 쾌적하게 지낼 수 있도록 거주환경을 정돈한다

히라오 씨의 집에는 세 마리의 시추가 있다. 그중 가장 나이가 많은 개가 16세의 마야이다. 눈도 귀도 멀어 불편한 상황이지만 산책 중에 신나게 휘젓고 다니는 모습을 보고 그렇게 생각하는 사람은 거의 없다고 한다.

"고령이 되니 식욕이 왕성해졌어요. 너무 먹으면 또 설사를 해서 사료 양에 신경 쓰고 있죠."

신장을 서포트하는 건사료(로얄 캐닌)와 습식사료(힐스의 프리스크립션 다이어트)를 섞어서 급여하고 있다. 한 달에 1번 동물병원에서 검진을 받는 외에도 운동, 식사, 변의 상태를 주의 깊게 살펴보고 있다고 한다.

"잠깐씩 멍해 있다든지 가끔 집안에서 배설하곤 해요."

지저분해진 부분을 떼어내어 씻어낼 수 있는 플로링 바닥에 타일카펫을 깔고, 또 계단을 오르내리지 못하도록 게이트를 설치했다. 발코니와 집안을 왕래할 수 있도록 개 전용문도 설치했다. 발코니에는 비바람이 불어 닥치지 않도록 덮개를 설치하고 난간 둘레는 아크릴로 막아놓았다.

노견이 지내기 좋은 환경을 배려하여 스트레스를 주지 않는 방법을 열심히 연구하는 가정이었다.

계단을
오르내리지
못하도록
게이트 설치.

부엌 한쪽 구석의
출입구를 통해 발코니로.

자유롭게 드나들 수
있어서 즐거운 듯.

비바람을 막는 발코니.
화장실은 이곳에.

눈이 보이지 않는다고는
생각할 수 없을 만큼 늠름하고 당당하다.
위엄마저 느껴지는 마야.

사이토 선생님의 의견

바닥에서 미끄러지지 않도록 하거나 계단에 바리어를 설치하여 사고를 미연에 방지하는 것은 노견이 있는 가정에서는 매우 중요한 일입니다. 발코니에 화장실을 마련하여 자유롭게 드나들 수 있도록 한 것도 이상적입니다. 집안에서 배설하는 원인 중 하나로는 당뇨병이 있으니 주의하세요.

13세 | 웨스트하이랜드 화이트테리어 (수컷)

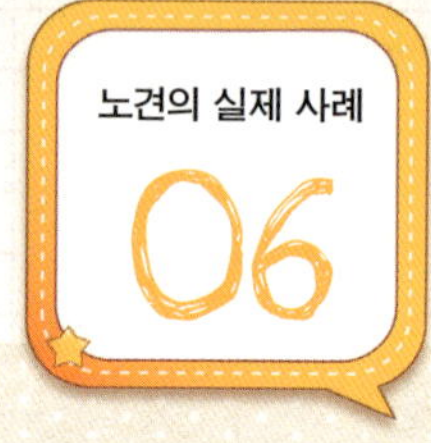

★ **보로**(주인: 다나카 아키코 씨)

귀 알레르기 때문에 귀가 멀었지만 내장기관은 매우 튼튼하다. 반년 전부터 여기저기 부딪치거나 넘어지는 일이 잦았다. 백내장에 걸려 보이지 않게 된데다 다리 인대가 약해진 것 같다.

25세의 동거묘에게 온순, 스트레스와는 인연이 없는 마이페이스

보로는 새끼 때부터 먹고 싶은 대로 실컷 먹으면서 자랐다. 식기가 비면 남편이 바로바로 사료를 채워줬기 때문이다. 덕분에 순식간에 살이 쪄서 체중은 무려 10kg에 육박!

비만은 면역력을 저하시키고 질병의 원인이 된다. 남편이 세상을 뜬 후 다나카 씨는 보로의 다이어트에 도전했다. 아침저녁 두 번씩 주던 식사를 저녁때 한 번만 주면서 천천히 식사량을 줄여나갔다. 그 덕분에 현재의 체중은 7kg 남짓이다. 아직도 보기에는 튼실해 보이지만 말이다.

"말도 안 듣고 화내면 으르렁거리면서 이를 드러내요. 우리 애지만 무서워서 앞으로 어떡하나 싶어 우울한 적도 있어요."

다리 인대가 약해져서인지 산책도 천천히 걷거나 버티고 서서 움직이지 않아 시간이 걸린다. 그런 마이페이스의 보로가 순해지는 대상은 딱 하나, 터줏대감 고양이 아비(25세) 앞에서 뿐이다. 보로는 낮에는 선룸에서 아비의 옆에 누워 낮잠을 자다가 밤이 되면 다나카 씨의 이불 속을 파고든다.

"잘 때 깨우면 으르렁거리는데, 또 내 모습이 보이지 않으면 온 집안을 찾아다녀요. 정말 성질 나쁜 할아버지 개예요(웃음)."

이렇게 말하면서도 다나카 씨는 다정한 눈빛으로 보로를 바라보고 있었다.

단차가 있는
곳은 다나카
씨에게 안겨서
오르내린다.

기분이 내키지 않으면
주저앉아서 움직이지
않는다.

고령인 지금도
예쁜 얼굴은
여전하다.

자신의 사료(게인즈팩쿤)를 다 먹으면
아비의 사료를 먹기도(위).
겨울에는 선룸에서 아비의 곁을 떠나지 않는다(아래).

사이토 선생님의 의견

개가 리더가 된 전형적인 사례
입니다. 불상사가 생기지 않아
야 하겠지만 만약 힘들다면 으
르렁거릴 때 무시하면 됩니다.
이렇게 하면 개선되어 키우기
가 쉬워집니다. 그리고 10kg에
서 7kg까지 다이어트에 성공
한 것은 온전히 다나카 씨의 노
력 덕분이네요!

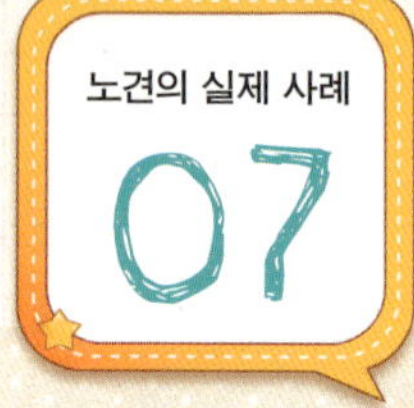

07

14세 | 셰틀랜드 십독(수컷)

중형견

★ 럭키 (주인: 다지마 테루히코 씨)

올가을 선암이 발견되었다. 수술은 힘들어서 식사관리를 중심으로 쾌적한 환경조성에 중점을 두고 있다. 위에 공기가 쌓이기 때문에 튜브를 삽입하여 빼내고 있다.

헛울음을 극복하고 자원봉사견으로 활약

"몸이 튼튼하고 혈통이 좋은 셸티예요."

도그 쇼의 심사원을 담당하는 숍의 점주에게 그렇게 추천받았던 럭키는 생후 45일에 다지마 씨의 집에 왔다. 럭키를 선택한 것은 남편이었지만 보살핀 사람은 다지마 씨였다. 다지마 씨는 그로부터 1년 동안 럭키의 울음소리에 괴로워했다.

"울지 마! 조용히 좀 하자!"

이렇게 야단치면 더 울어버리던 럭키. 그런 강아지를 사랑하지 못하는 스스로가 싫어서, '좀 더 귀여워해줄 사람에게 입양 보내는 게 좋지 않을까?'라고 수도 없이 고민했다고 한다.

그런 모습을 보다 못한 동물병원의 사장님이, "럭키에게 기초훈련을 시킨 후에 양로원을 방문시켜보세요." 하는 의견을 내주었다. 훈련이 진행되자 럭키의 헛울음은 해소되었고 다정한 성격 덕분에 자원봉사 개로 활약할 수 있었다.

산책 중에도 울지 않고 다른 개에게 물려도 싸우는 일이 없단다. 착한 아이로 변신한 럭키가 사랑스러워서 돌보는 것이 정말 기쁘다는 다지마 씨.

그런 럭키에게 5세 무렵 작은 이변이 찾아들었다.

현관에 설치된 게이트를
열면 튀어 나온다.

힘차게 매일 산책

온몸으로 기쁨을 표현하는,
다지마 씨와의 산책.

현관바닥에 떨어지지
않도록 신중하게
슬로프를 내려오게 한다.

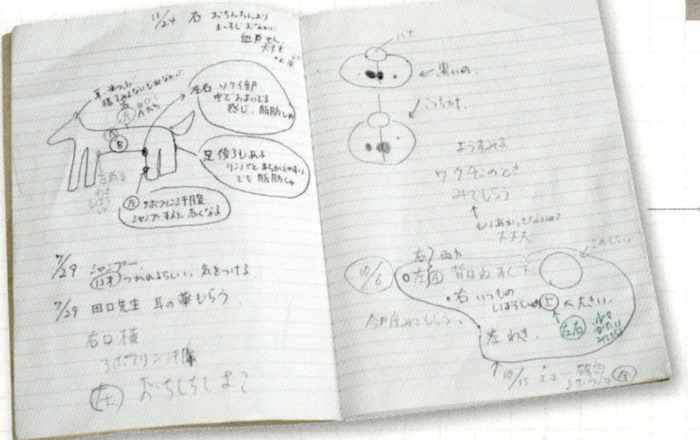

럭키의 모습을
자세히 기록하고
있는 노트.

럭키에게 튜브를 넣는
주머니 있는 옷을 입혔다.

위에 쌓인 공기를 빼내거나
유동식을 넣을 수 있다(위)
사용하지 않을 때는 뚜껑을
닫아 주머니에 넣는다(아래)

하루에 100번, '사랑한다'고 말해준다

"셰틀랜드 십독은 지방종이 잘 생기기 때문에 미세한 변화도 놓치지 않으려 애쓰고 있어요. 5살 때 소변에 피가 섞여 나왔길래 병원에 갔더니 전립선비대증이라고 해서 중성화수술을 받았어요."

그 후로도 입이나 코 주변, 뺨 등에 작은 멍울이 발견되었고, 그것이 커지면 절개하곤 했다. 다행히 모두 양성이었지만 컨디션 체크를 거르지 않고 있으며 발견한 것은 노트에 기록하고 있다.

14세가 되던 여름, 행동이 다소 느려지고 체중도 줄어들어 에코검사를 받았더니 간장에 양성종양이 생겼다는 것이다. 9월이 되자 자꾸 토하는 일이 반복되었다. 원인을 확인하기 위해서 개복수술을 하니 장벽은 빨갛게 짓물러 있고 임파선에도 전이되

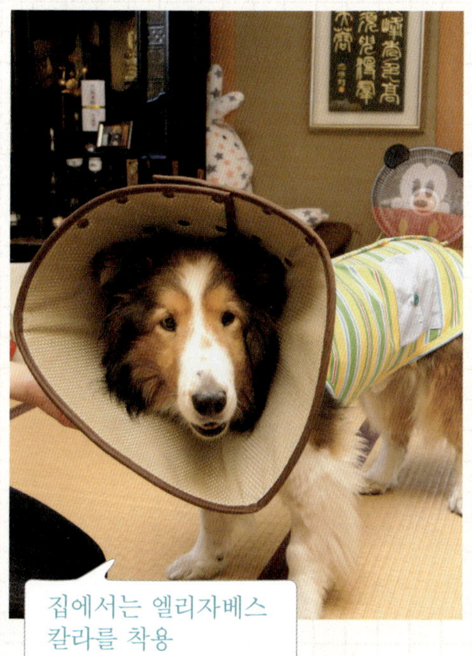

튜브를 빼내지 못하도록 집에서는
칼라를 착용한다. 몸에 부담이
적은 소프트 칼라를 사용하고 있다.

소화가 잘되는 푸드와 서플먼트

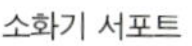

소화기 서포트

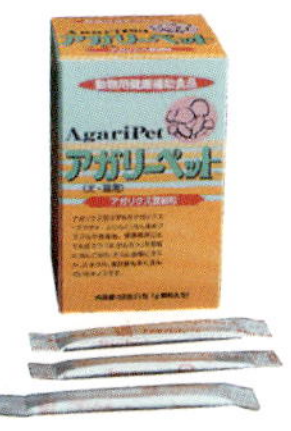

협화발효의
펫 전용 아가리쿠스의
서플먼트.
건강유지를 위해.

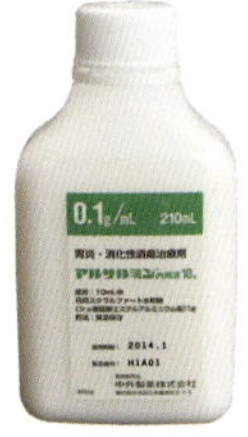

위염 · 소화성 궤양
치료제 '아르사민'

골든 도그밀크

어 앞으로 2개월여의 시한부를 선고받았다.

치료는 하지 않고 소화가 잘 되는 식사와 도
그밀크, 무당 요구르트, 펫 전용 아가리쿠스를
주고 있다. 식욕도 왕성하고 산책도 30분 가까
이 하고 있다.

"럭키를 만나 행복했다고 매일 100번씩 말
해주고, 힘들어하는 모습을 보이지 않고 즐겁
게 대하는 것 말고 해주는 게 없어요."

사이토 선생님의 의견

셀티는 잘 짖는 견종입니다. 기
초훈련으로 짖는 것을 멈추게
하거나 매일 많이 대화하면서
반려견의 온몸을 쓰다듬어주고
작은 변화도 놓치지 않고 멍울
을 적출하는 등 이상적인 케어
를 하고 있습니다. 지금의 상황
을 받아들이고 최선을 다하는
모습에 감탄할 뿐입니다.

08

14세 | 믹스(암컷)

중형견

★ 모모(주인: H 씨)

1년 전 확장형 심근증을 앓은 후부터 서서히 사지가 약해져 1개월 전부터는 몸져누운 상태이다. H씨가 일 때문에 부재중일 때에는 펫시터가 산책이나 식사, 배설을 돌봐주고 있다.

카트에 태워 산책, 외부의 자극을 받으면 눈이 반짝반짝

카트가 움직이기 시작한 지 1분도 되지 않아 누워 있던 모모는 소변을 보았다. 집 안에서 자고 있을 때와 달리 표정이 부드럽고 눈이 반짝반짝 살아 있었다.

"오늘은 날씨가 선선하고 좋구나, 모모야."

재빨리 배변패드를 교체하며 펫시터 마리코 씨가 밝은 목소리로 말을 건다.

더위가 잦아든 이맘때의 저녁 무렵 근처의 노지를 맴도는 20분 정도의 산책은 모모의 가장 큰 기쁨이다. 당장이라도 몸을 일으켜 카트에서 내려 걸어 다닐 것만 같다.

전에는 힘차게 리드를 끌어당기며 산책을 했지만 한 달 전부터는 전혀 걸을 수 없게 되어 지금은 누워만 있는 상태이다.

H씨는 자신의 침대 옆에 저반발 매트를 깔고 모모를 재우고 있다. 누워만 지내지만 좋아하는 산책을 할 수 있도록 간호용 카트도 구입했다.

아침에는 H씨가 보살피고 집을 비우면 기시 마리코 씨가 식사와 산책을 돕는다. 누워 지내게 된 후 바로 욕창이 생겼기 때문에 마리코 씨는 그 처치도 하고 있다.

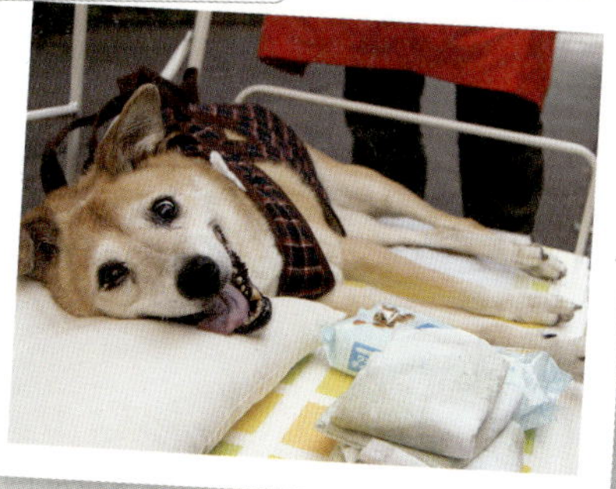

카트에 싣고
근처를
한 바퀴 돈다.

잠시 후 생생하게
살아 있는
표정이 된다.

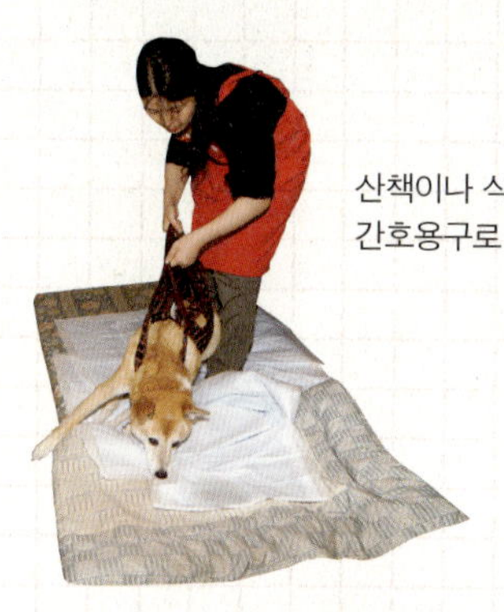

산책이나 식사를 할 때에는
간호용구로 들어올린다.

H씨의 침대 옆에 둔
저반발 매트에
누워 있다.

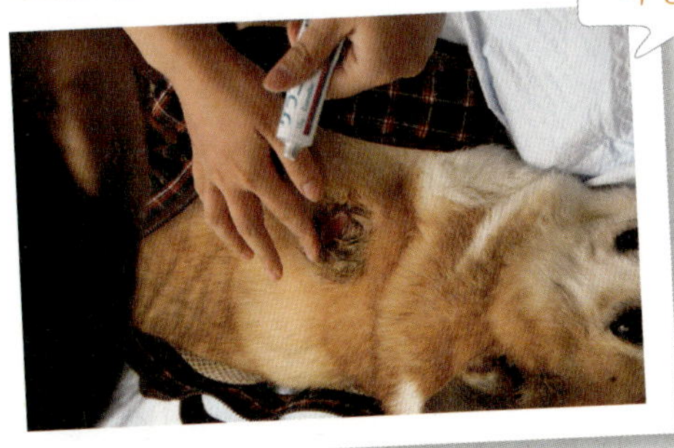

동물병원에서 처방받은
외용약을 환부에 바른다.

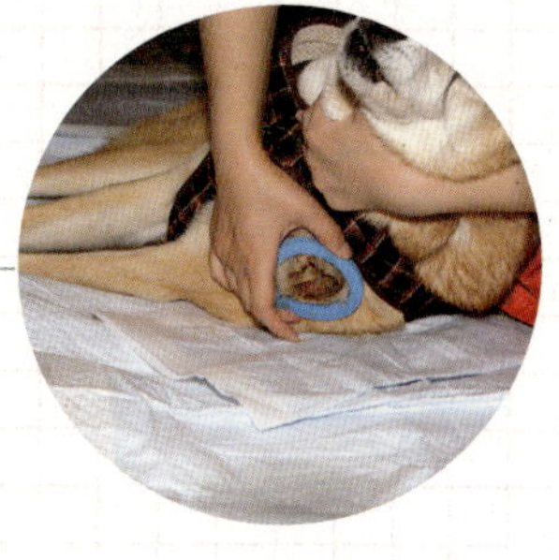

눕힐 때
환부가 쓸리지
않도록 패드를
댄다.

이불 위로 옮겨
간호용구를 입힌 채 눕힌다.

산책에서 돌아오면
물을 맛있게 먹는다.

손에 올린 사료(힐스의 사이언스 다이어트)를
천천히 먹인다.

꼼꼼한 보살핌을 받고 기분 좋아진 듯

H씨의 집 열쇠를 열고 안에 들어간 마리코 씨는 곧장 모모에게 간다. 달라진 점이 없는지부터 확인하고 배변패드에 배설물이 있으면 교체해주고 하복부를 물티슈로 닦아준다.

욕창 부분을 감싸는 거즈를 벗겨 상처에 약을 바른 후 조끼를 착용한 채 안아서 복도로 이동. 엎드리게 한 상태에서 사료를 손으로 급여한다.

식사 후에는 모모가 좋아하는 산책을 한다. 근처를 한 바퀴 돌고 오면 조끼를 벗기고 온몸을 젖은 수건으로 꼼꼼히 닦는다. 다시 조끼를 입혀 잠자리로 데려가 몸의 방향을 바꾸고 욕창 부분이 압박되지 않도록 고무패드를 대준 후에 눕힌다.

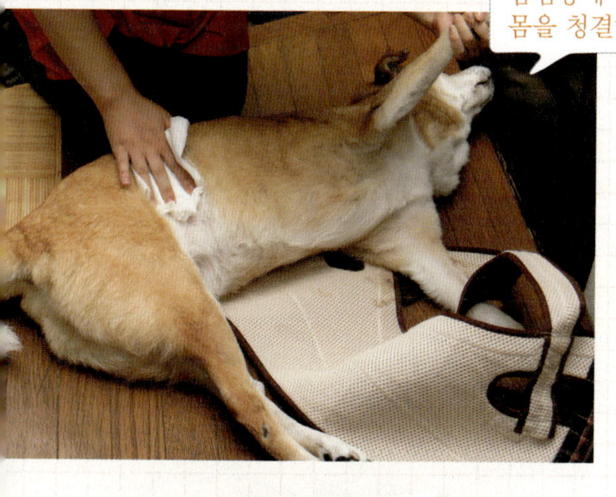

젖은 수건으로 온몸을 닦아준다.

더러워지기 쉬운 하복부는
특히 신경 써서.

보살핌을 받은 후
안정적인 표정이
된 모모.

여기까지 약 1시간 반 정도 걸린다. 모모의 상태를 보면서 마리코 씨는 여유 있는 동작으로 거침없이 돌본다. 밖에 나가 기분전환도 했고 몸이 깨끗해져 만족했는지 모모는 기분 좋게 잠이 들었다.

한 달 반 후, 모모는 숨을 거두었다. 숨을 거두기 일주일 전부터 식욕을 완전히 잃어 H씨가 직접 점적을 했다. 부정맥이 있었기 때문이다. 지병인 심질환이 악화된 듯했다.

사이토 선생님의 의견

펫시터가 정성껏 간호하고 있군요. 욕창은 한번 생기면 좀처럼 낫질 않아요. 누워만 있게 되면 당장이라도 저반발 매트를 사용해야 합니다. 누워 있게 된 후에도 카트로 산책할 수 있어서 모모는 기뻤을 거예요.

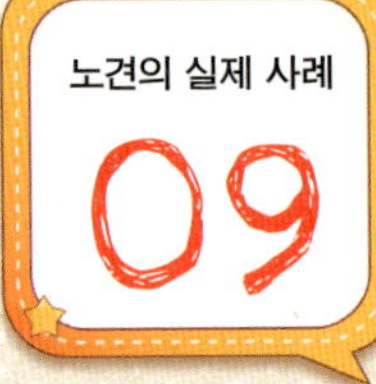

09   15세 | 믹스(수컷)

중형견

★ **줄리** (주인: 무로모토 마유미 씨)

13세 때 잇몸에서 대량 출혈. 치조농루가 악화되어 11개를 발치. 심장판막증을 앓았고 백내장까지 시작되어 투약과 점적을 거를 수가 없다. 제대로 먹지 못하는 경우가 많아 식사관리에 신경 쓰고 있다.

13세의 노견을 맡아 시행착오를 거치며 사육

무로모토 씨가 줄리를 만난 것은 10년 전, 본가의 어머니와 함께 간 보호견의 임보 모임에서였다. 5세로 추정되던 줄리는 두 사람 앞에서 꼬리도 흔들지 않고 고개도 숙인 상태였다. 주인이 몇 번이나 바뀌고 학대를 받은 듯 인간불신의 전형적인 모습이었다.

입양된 줄리는 무로모토 씨의 본가에서 살게 되었다. 줄리가 13세일 무렵, 분가해 살던 무로모토 씨가 와서 보니 줄리는 전혀 식사를 하지 못하고 있었다. 눈이 푹 꺼진데다 탈수증상이 심하고 항문 주변도 지저분한 상태였다.

"지금의 생활은 13살의 노견에게 적합하지 않아."

간호사인 무로마치 씨는 이렇게 판단하고 줄리를 집으로 데리고 왔다. 일단 영양을 공급하기 위해서 소고기국물에 밥을 말아주자 간신히 먹기는 했지만 몇 시간 후에 심한 설사와 구토를 했다. 동물병원에서 진찰 받아보니 심하게 쇠약해서 이제 겨우 1~2달 정도 남았다는 것이다.

"개를 처음 키워봐서 전혀 지식이 없었어요. 어떤 게 좋은 건지, 뭘 먹으면 설사를 하는지 전혀 몰랐죠. 줄리는 표정이 적어서 사소한 변화도 놓치지 않으려고 세심하게 관찰하면서 일기를 썼어요."

침대와 돌아다닐 공간을
마련하고 화장실은 베란다에.

침대 밑에는
저반발 매트를 깔고
출입구에는 가드를 설치했다.

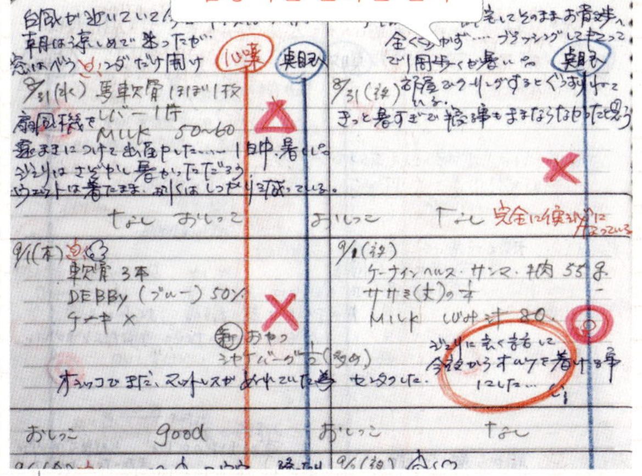

관찰한 내용이 세밀하게
기록되어 있다.

줄리를 위해 무엇을 해야
할지 자문자답하면서 쓰는
일기.

낮은 단차에도 도움이
필요하다.

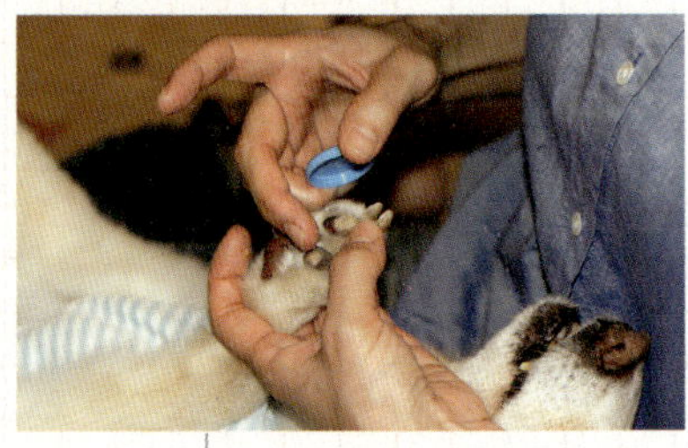

산책 후에는 발바닥 패드에
연고를 발라준다.

줄리가
피곤해하면
안고 걷는다.

12종류의 식재를 사용한 영양 밸런스 만점의 수제요리

2년간 쓴 줄리의 일기는 대학노트 4권이나 되었다. 일 때문에 나가 있는 낮 시간을 제외하고 아침에는 식사, 배설, 점안, 투약을 하고, 밤에는 산책, 빗질, 마사지, 식사, 양치질, 점안을 한다. 그리고 한밤중에는 배설 간호를 하는 등 그때그때의 모습이 상세히 기록되어 있다.

본가에서 데려온 당초에는 뛸 수 있었지만 지금은 뒷다리가 약해서 부들부들 떨면서 걷는 것이 고작이다. 그래도 밖에 나가면 표정이 적은 줄리가 땅의 감촉이나 냄새를 확인하거나 바람에 날아가는 낙엽을 쫓으며 입을 뻐끔거리는 등 생기가 보인다고 한다.

무로모토 씨가 가장 신경을 쓰는 부분은 식사이다. 건사료는 별로 좋아하지 않기

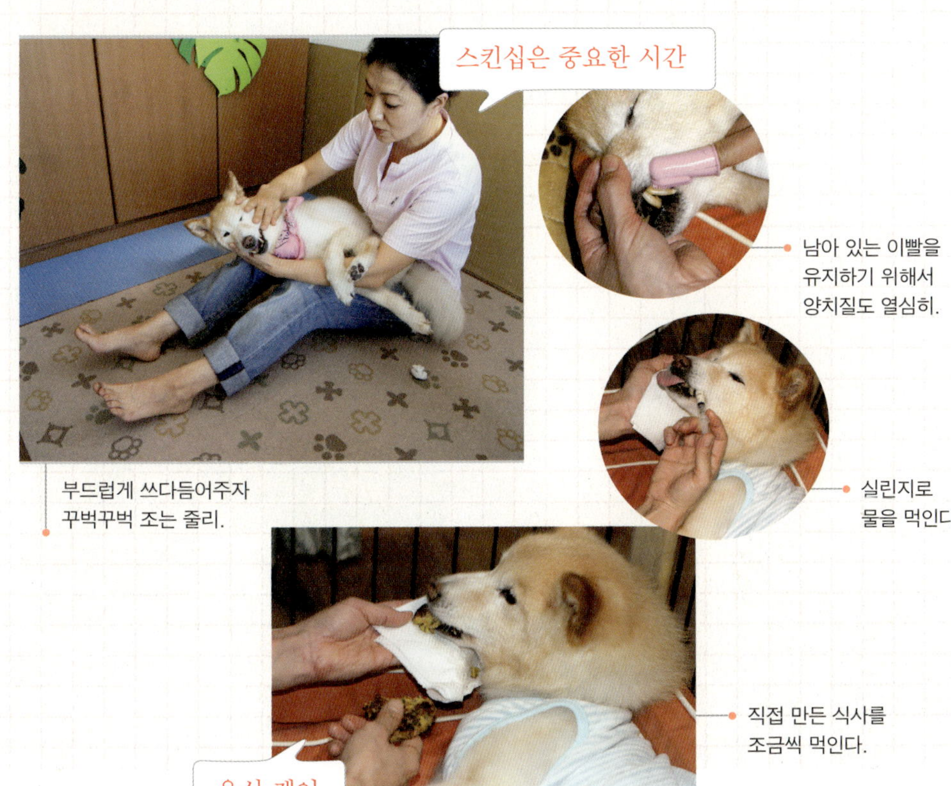

때문에 직접 만들어준 적도 적지 않다. 닭고기, 돼지고기, 생선, 낫토, 야채, 참깨, 톳 등 12종류의 식재를 갈아서 섞은 것을 손으로 입에 넣어준다. 그러면 '아아' 하고 작게 울며 기쁜 표정을 한다고 한다.

"이 아이가 살기 위해서 필요한 최소한의 것을 하고 있을 뿐이에요."

무로모토 씨는 이렇게 말했지만 추워지기 전에 난방매트를 깔아주거나 누워 지내기 전에 욕창을 방지하기 위해 준비하는 등 섬세하게 케어하고 있었다.

사이토 선생님의 의견

개의 상태를 보고 데려온 것은 현명한 판단이었던 것 같습니다. 반려견을 잘 관찰하고 기록도 남기고, 독학으로 간호 방법을 공부하면서 해결책을 찾는 모습이 대단합니다. 밥을 직접 만들어주거나 주거환경을 배려하는 등 최선을 다해 돌보고 있군요.

10

13세, 12세 | 믹스(양쪽 다 수컷)

중형견

★ 반(뒤쪽), 헤이하치로(앞쪽)

(주인: 오카노 마유미 씨)

반에게는 항문 주변이 부어서 변이 쌓이는 직장게실이라는 지병이 있다. 헤이하치로는 교통사고를 당해 고관절이 탈구되었고 7세 때 녹내장이 발병하여 지금은 전혀 보이지 않는다.

사이가 나쁜 두 노견을 위해서 하루에 4번의 산책을 한다

이 두 마리는 오카노 씨가 주워온 버림받은 개였다. 가족의 반대가 심해 한 번은 보건소에 데려간 적이 있는데 이틀 후 3천 엔을 지불하고 다시 데리고 왔다고 한다.

둘은 사이가 몹시 나빠서 가끔은 피를 볼 정도로 심하게 싸우기 때문에 견사도 따로 두고 식사도 따로 하고 산책도 아침저녁으로 한 마리씩 총 4번을 하고 있다.

산책 후에는 반의 상태를 살피면서 배변을 촉진시킨다. 물을 먹지 않기 때문에 닭고기를 삶은 국물에 야채, 돼지고기, 밥을 끓여 수분이 많은 식사를 급여하여 변이 잘 나오게 한다.

배변을 하루 거르면 변비약을 먹인다. 오카노 씨는 반이 변비와 설사를 하지 않도록 신경 쓰고 있었다.

헤이하치로는 눈이 보이지 않기 때문에 도랑에 빠지거나 어딘가에 부딪치지 않도록 매일 같은 코스를 산책한다. 1년 전에 갑자기 일어서지 못하게 되어 병원에 데려갔더니 골다공증이 의심스럽다고 해서 3개월간 칼슘정제를 먹이자 회복되었다고 한다. 낮에는 작은 개집에서 보내고 밤에는 집안에서 쉰다.

"둘 다 오래 살 수 있도록 항상 신경 쓰면서 편히 살게 해주고 싶어요."

둘의 사이가 나쁘기 때문에
견사도 가까이 두지 않는다.

항문을 자극하여
배변을 촉진한다.

물을 먹지 않기
때문에 스킴밀크를
주고 있다.
푸드는 CO-CP의
'7세 이상용' 사료.

낮에는
바깥의 견사에서
지낸다

밤에는 집안의
케이지로 이동.

사이토 선생님의 의견

사이가 나쁜 수컷끼리 함께 사는 경우에는 싸움을 하기 전에 중성화수술을 했더라면 좋았을 겁니다. 그래도 오래 살다 보면 점점 동지의식이 생겨서 서로 잘 지내기도 합니다. 한 마리 한 마리 헌신적으로 돌보고 계신 오카노 씨, 대단하십니다!

17세 | 시바이누(수컷)

중형견

★ 크레이프(주인: 이시카이 타에코 씨)

7세 전후로 백내장이 서서히 진행되어 10세를 넘겼을 때는 도랑에 빠지기도 했다. 같은 곳을 빙글빙글 도는 일도 생겼다. 치매 증상이 시작된 것으로 보인다.

곁에 다가와 눈물을 핥아주는 다정한 대화상대

이시카이 씨는 남편을 먼저 떠나보냈다. 멀리 떨어져 살던 아들은 어머니를 걱정하면서 개를 키워 보지 않겠느냐고 제안했다. 개를 키우는 것이 처음이었던 이시카이 씨에게 크레이프는 놀라움의 연속이었다.

"크레이프는 응석받이에다 고집쟁이에요. 산책 중에 다른 개와 스치기만 해도 짖어대면서 달려들어요. 그게 가장 힘들었죠. 하지만 볼일을 마치면 차분해져서 짖지 않는다는 것을 알고는 기뻤어요."

기쁜 충격은 또 있었다. 크레이프는 이시카이 씨가 하는 말에 귀를 기울여주었다. 남편과의 추억을 이야기하는 동안 조용히 눈을 바라보고 있다가 이시카이 씨가 눈물을 흘리면 할짝할짝 핥아주곤 했다. 크레이프의 존재는 커다란 위안이 되었다.

산책은 아침저녁 20분씩 2회 정도 하고 있으며, 13세 이상이 먹는 건사료(사이언스 다이어트)를 급여한다. 양치질은 하지 않았지만 이빨이 튼튼하다. 알레르기가 있어서 간식은 금하고 건사료만 준 덕분인 것 같다고 한다. 식기에 담아주면 먹지 않기 때문에 손으로 주고 있다.

"지금까지는 밖에서 키웠지만 올 겨울부터는 집안에서 키우고 있어요. 크레이프와 대화하는 시간이 늘어난 것 같아요."

이시카이 씨에게 안기자
표정이 누그러진 크레이프.

눈이 보이지 않게 되었기 때문에
정해진 루트를 걷게 한다(위).

이전에는 안기기를 싫어했지만
최근에는 좋아하는 것 같다(아래).

올 겨울부터는 실내 강아지로(위).
물도 밖에서 먹었다(아래)

사이토 선생님의 의견

치매는 일본 개에게 압도적으
로 많이 발견됩니다. 고령기
를 넘기면 발병하기 전에 '가바
(GABA)'라는 보조제 급여를 추
천합니다. 주인분 말씀처럼 겨
울뿐만 아니라 계속 집안에서
키울 것을 권하고 싶습니다.

12

13세 | 래브라도 리트리버(암컷)

중형견

★ 래브(사진 왼쪽의 개)

(주인: 이가라시 나루미, 토모코 씨)

8세 때 방광염을 앓고 앞다리도 끌게 되었지만 개 전용 콘드로이틴을 먹고 회복. 최근에는 외이염과 충치 치료, 요석제거로 통원하고 있는데도 내장도 튼튼하고 백내장도 보이지 않는다.

프리스비, 자전거 병주로 몸을 단련시켜 의사가 필요 없다

래브가 프리스비를 시작한 것은 1세 때였다. 공원에서 다른 사람이 던진 원반을 쫓아간 것이 계기였다.

"프리스비 대회에 나가는 지인의 지도를 받아 많은 대회에 참가하게 되었어요."

평소에는 토모코 씨의 자전거를 따라 6km를 달리고 있다. 이렇게 다리를 단련했기 때문인지 7세까지는 백신 접종 외에 동물병원의 신세를 진 적이 없었다.

8세 때 프리스비는 닥터 스톱. 그로부터 2년 후 원반 던지기를 했을 때 착지에 실패하여 오른쪽 앞다리 염좌. 치료를 받으면서 1주일이나 걷지 못했지만 그 후로는 매일 1~2km의 산책을 천천히 시키고 있다.

5년 전부터 여동생쯤 되는 라도가 함께 살고 있으며 경쟁하듯이 식사를 하게 되었다.

"라도가 온 후로 점점 건강해진 것 같아요. 성격은 좀 고집스러워졌지만요."

도로를 걷거나 같은 공원을 가기 싫어하기 때문에 차에 태워 당일치기로 3곳의 공원을 찾아간 적도 있다고 한다. 공원에서 래브는 잔디의 감촉을 맛보듯이 즐겁게 걷는다고 한다.

관광을 겸해 각지의
대회를 전전한 적도.

지금도 군살이
전혀 없는 매끈한
몸을 유지하고 있다.

13세로는 보이지 않는
날렵한 움직임.

놀이를 하면
자연스럽게
몸이 반응한다(위)
지금까지도
프리스비를 매우
좋아했지만 점프는
금지(아래).

사이토 선생님의 의견

프리스비를 즐기기 위해서는
체중을 감량하고 근육질의 몸
으로 만드는 것이 필수. 지금도
래브는 13세라고는 생각할 수
없을 만큼 멋진 체형이지만 심
한 운동은 금물입니다. 동거견
과 경쟁하듯이 먹다 보면 위염
전을 일으킬 가능성이 있으니
주의하세요.

15세 | 래브라도 (수컷)

대형견

★ 본 (주인: 오가와 에이치 씨, 치에 씨)

새끼 때부터 실외견사에서 사육. 아토피성 피부염을 음식과 목욕으로 극복. 올해부터는 뒷다리가 약해져서 뇌경색으로 움직이지 못한 적이 2차례 있었다고 한다. 귀도 거의 들리지 않는다.

주인이 직접 만든 특대형 견사에서 건강하게 지낸다

정원에 만든 2평 크기의 튼튼한 견사에서 얼굴을 내밀며 완만한 슬로프를 내려오는 본.

"사실 집안에서 키우고 싶은데 임대라 어쩔 수 없이 밖에서 키우고 있어요. 그만큼 최대한 넓은 집을 만들어주었죠."

바닥이나 지붕을 교체하는 등 본이 편하게 살 수 있도록 항상 신경 쓰면서 지난 15년간 견사를 세 번이나 리폼했다고 한다. 지붕은 갈바륨 강판, 바깥쪽에는 열을 차단하는 두툼한 시트를 설치했는데 여름에는 시트를 감아올려 바람을 통하게 하고 겨울에는 내려서 추위를 막는다.

"본은 2살 때 아토피성 피부염에 걸린 이외에 질병과는 인연이 없어요. 본의 형제도 모두 10세를 넘겼으니 장수유전자인지도 모르죠."

피부염은 음식을 '뉴트로 내추럴초이스 램&라이스'로 바꾸고 '라판시즈'라는 애견용 샴푸를 사용하면서 극복했다. 한때는 체중이 31kg나 나갔지만 식사관리와 아침저녁 1시간씩의 산책으로 정상체중으로 돌아왔다. 지금도 산책을 거르지 않고 견사에 걸쳐놓은 슬로프를 자력으로 오르내린다. 쾌적한 거주환경이 본의 건강을 지켜주는 것 같았다.

뒷다리가 크로스되어
발톱에서 피가 나기도.

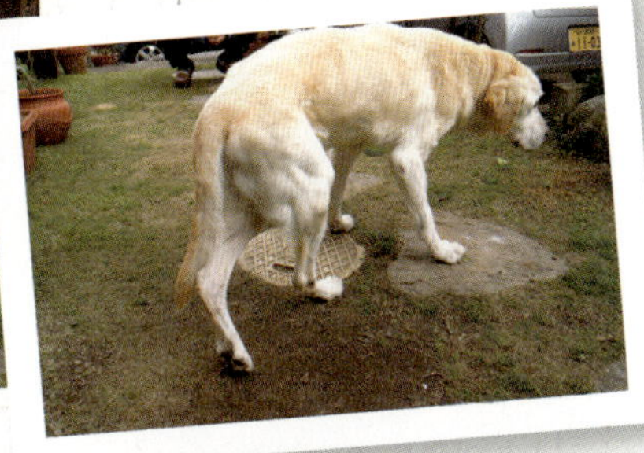

비바람을 차단하고
더위와 추위에도 만전의 대비!

새끼 때부터
살고 있는
튼튼한 견사

견사 안에 있는
아늑한 공간.

우리가 방문하자 천천히 고개를 들었다.

스페이스가 넓어서 견사 안에
출입할 수 있다.

사이토 선생님의 의견

주인분이 실외사육에서도 강아지를 잘 관찰하고 다양한 것을 배려하시는 것 같습니다. 음식을 중심으로 감량도 잘 진행되었습니다. 단 산책을 늘리거나 운동에 의한 칼로리 소비는 크게 기대하지 않는 것이 좋습니다.

내 강아지 행복한 노견 생활

© 주부의 벗사, 2015

초판 1쇄 인쇄일 2015년 2월 11일
초판 1쇄 발행일 2015년 2월 23일

감수 전국펫시터협회 · 펫시터 SOS
옮긴이 강현정   **번역 감수** 하니 동물병원
펴낸이 김지영   **펴낸곳** 작은책방(해든아침)
편집 김현주
마케팅 김동준 · 조명구   **제작** 김동영

출판등록 2001년 7월 3일 제2005 - 000022호
주소 121-895 서울시 마포구 어울마당로 5길 25-10 유카리스티아빌딩 3층
(구. 서교동 400-16 3층)
전화 (02)2648-7224   **팩스** (02)2654-7696

ISBN 978-89-5979-378-5 (13490)

- 책값은 뒷표지에 있습니다.
- 잘못된 책은 교환해 드립니다.
- 해든아침은 작은책방의 취미 · 실용 전문 브랜드입니다.